我不是科班出身，半路才開始學習甜點的，在叉路遇上了羅爸，讓我在甜點的認知以及學習方面，不斷茁壯豐盛。羅爸的教學淺顯易懂，再搭配本書的圖文並茂，絕對是一本新手不容錯過、值得細細品嚐的好書！

顏味灶咖吐司專賣店　顏世欣

自從對於烘焙產生興趣之後，就開始不斷的自我摸索，理所當然的，這一路是跌跌撞撞犧牲了不少材料。

終於在認識羅爸以後，彷彿是被打通了任督二脈，仔細跟著老師步驟一步一步來，我也神奇的成功了！老師的配方，連怕甜的長輩吃了也都狂點頭，一直說這個比外面賣得好吃，看著家人吃得安心又滿足時，那種成就感真是無法言語。

有問題時，老師親切的回覆，可以讓我少走許多冤枉路，少浪費許多寶貴的食材以及時間，真得是台上一分鐘，台下十年功，非常感謝老師不藏私的指導。

終於老師要把這身武功絕活寫成一本書了，口味絕對是老少咸宜，是一本值得收藏的烘焙書！

學生陳虹妃

幾年前才開始接觸烘焙，在 FB 世界裡認識了網紅羅爸，透過電腦螢幕直播看到羅爸親切對人的態度，以及教學認真，讓人忍不住想跟羅爸學習。

後來，有機會在烘焙教室上老師的課，就會發現老師真的是一位認真的人，出發點都是為了學生，希望學生都能學以致用，不浪費任何食材，讓家人朋友都能嚐到簡單美味且無添加物的實在烘焙！

終於在大家的期盼下，老師出了烘焙書！深信這本烘焙書一定能讓剛接觸烘焙的新鮮人，都能淺顯易懂，最後希望老師的新書大賣！

葉曉葆

從接觸羅爸的甜點開始，發現用簡單容易取得的食材，就可以做出美味無負擔的甜點，重點是「不甜」。對現代人來說，自然不膩口的甜點被一般大眾所能接受，不管送禮、做給家人或接小量訂單都是不錯的食譜，希望在不久的將來羅爸可以分享更多低糖低油、健康美味的甜點！

李亞雲

用手作的天然烘焙，創造出健康美味又安心的甜點盛宴

記得剛開始接觸烘焙領域時懵懵懂懂的，在某次因緣際會之下遇到了羅爸，改變了我的烘焙道路，從中學習成長許多！

羅爸總是無私的奉獻，把自己對烘焙的熱愛混入平凡無奇的雞蛋、麵粉中，攪拌混合、打發蓬鬆、加熱烘烤，使空氣中散發著濃濃的香氣，讓人想依偎在烤箱旁等待出爐的那一刻，滿心期待成品入口的滋味，迫不及待與身邊的人們共享這份美好的感覺。

這是一本淺顯易懂卻處處有寶藏的好書，幫您打下紮實的烘焙基礎與技巧。烘焙新手只需動手跟著試做，就能輕鬆完成並讓品嚐的人留下幸福美好記憶，從中體驗手作甜點在生活中帶來的小確幸。

最後將羅爸這本超實用的甜點工具書推薦給大家，期望大家都能成為自己的甜點大師哦！

婷小妞

The delightful taste of happiness from one bite of Taiwanese traditional desserts.

I have lived in the United States for more than 20 years and have tasted all kinds of American desserts, but the "stubborn" Taiwanese in me can never forget the aroma of the only bakery in town I would always visit as a child.

When I first arrived in the U.S., I couldn't get used to the high-fat and high-sugar of most American desserts. Hoping to recreate the familiar taste of Taiwan from my memories, I would always return to the States with a pile of baking books on every trip back to Taiwan. During my journey in the wonderful world of baking, I had a fateful encounter with Luo's "Nostalgic Flavor", containing recipes for everything from traditional honey cakes to delicious cheesecakes. In order to eat more of these desserts, I even flew back to Taiwan and just to learn from the amazing Luo himself.

While my eternal desire for Taiwanese pastries will never be fully satisfied, I full-heartedly look forward to reading Luo's new recipe book and making all the tasty pastries one day.

Sharon Chen from San Jose CA USA

Recommend

　　三年多前，烘焙教室剛成立，四處尋找所謂的名師到教室教學，由於草創初期，很多名師看了訊息已讀不回，也有老師前一刻才答應，卻在下一秒 say sorry！碰了一鼻子灰的我，不知道哪來的勇氣與自信，向羅因福老師邀課，沒想到羅爸給予的是親切的態度與回應，仔細地與我討論上課細節，我也滿心期待老師能為我們帶來一絲曙光，沒想到這一等就是 8 個月，經過了 245 天的深思熟慮，老師才願意踏出烘焙教學之路。

　　在教學路上，老師秉持著不藏私與同學分享的心情，努力讓每位同學回家能輕鬆上手，能有成就感做出專屬自己的幸福手作，一路走來，始終如一的是食材好取得、零添加物的手作點心。

　　凡事親力親為、和藹可親的老師終於要出書了，這是一本能溫暖手作烘焙人心的書，是一本能陪伴想繼續努力學習烘焙的書，更是初學者入門款、愛不釋手的好書！

愛樂烘焙廚藝教室 Pearl

　　剛踏入烘焙這個坑時，像一個尋找浮木的溺水人，羅爸正是我在尋找的浮木，人相當的親切又認真。

　　開課前一次又一次的試驗，絕不容許自己有一絲的錯誤，驗證了認真的男人最帥氣這句話。羅爸的配方不甜不膩，永遠是吃貨朋友的秒殺甜點，喜歡做烘焙的朋友們，這本書絕對物超所值，值得珍藏！

鄭采翊

　　兩年前抱著期盼在臺中上了羅爸的課，從此便與羅爸結下師生之緣；老師的甜點不標榜華麗的外表，全是貨真價實不亂加添加物、吮指回味的手作，成品如其人，嘗過就知道老師功力很厲害，配方材料都唾手可得，住在鄉下的我從不擔心買不著材料，只要按部就班照著老師的教法，做出來的成品肯定連做夢也會笑。

　　殷殷期盼下老師終於要出書了，不管你是新手或老鳥，這本烘焙書一定會成為我們烘焙之路的教科書，當然這也是老師人生重要的里程碑，祝福羅爸這本烘焙書熱賣！

陳麗嬌

在家狂接單

DELICIOUS & POPULAR

羅爸的 人氣美味

秒殺甜點

網路接單、小資創業、年節送禮必學清單

17 種超好評蛋糕 x 7 種高回購率中式糕點 x 10 種派對點心

Contents

Part 2
好吃到停不下來！
美味蛋糕

黑眼豆豆巧克力蛋糕
056

原味戚風蛋糕
062

古早味海綿蛋糕
066

波士頓夾心派
070

蜂蜜藍莓花紋蛋糕捲
076

小山園抹茶蛋糕
082

古早味椰子捲
088

岩燒蜂蜜蛋糕
092

拿破崙蛋糕
096

原味生乳捲
100

Part 3
經典好滋味！
傳統糕餅

Part 4

好評不斷！
餅乾・點心

日式大鼓燒
142

牛利
148

達克瓦茲
152

鐵盒曲奇餅
156

芝麻手工蛋捲
160

四角亭蘭姆夾心餅
166

黑糖夏威夷豆塔
172

檸檬塔
176

綜合水果塔
180

法式脆皮菠蘿泡芙
184

附錄│
萬用卡士達醬、萬用塔皮　　188

接單前，
一定要知道的事情！

小資創業正夯，
掌握接單四大要素

近年來，居家烘焙風潮盛行，愈來愈多人喜歡自己動手做，一來是因為層出不窮的食安問題，讓消費者逐漸意識到要吃得安心，就不得不動手做。二來在製作的同時，感受到烘焙迷人的魅力，站在烤爐前看著成品隨著溫度慢慢地成形、散發出的香氣，誘發令人愉悅的好心情。做好的成品與親朋好友分享，也有種說不上來的成就與快樂感！自己動手做，最能擄獲人心。

使用家用烤箱就可以開工，不少人透過自學或進修，做出興趣後，萌生了網路接單或是創業的想法，但要創造特色商品及故事話題性，需要仔細思考，路才能走得更寬更遠；投入烘焙產業近三十五年的羅爸，走過學徒、師傅、成立工作室創業之路，現在則是一邊做自己喜歡的烘焙事業，一邊開班授課，分享「好吃又健康的DIY點心」，學員遍及馬來西來、泰國和美國等地區。

在正式投入烘焙這條路之前，有哪些需要注意的事情呢？在此，羅爸以自身的經驗提供幾個面向供大家參考：

1.「興趣」與「熱情」，創業的先決條件

有興趣、有熱情才會有衝勁，不管有多累、多辛苦，任何困境才能夠迎刃而解。若只看他人成功的一面，而一昧投入自己不喜歡的行業，最終有可能失敗收場。

2. 烘焙設備，依經濟能力選購

雖然烘焙業所需的資金，比起其他動輒好幾百萬的產業還要少許多。不過，烘焙設備如果購買營業用大烤箱、中大型攪拌器、冰箱和操作台等，即能夠做出大產能，但費用加起來也不容小覷。建議接單初期，設備可以依照自己的預算、訂單多寡以及產品項目等，做出適當的選擇，或是等到真的有需求時，再陸續添購也不遲！

3. 不斷提升專業技能，研發專屬口味

現在坊間開設許多烘焙課程，或是網路、書中都有人分享自己的製作經驗，都可以透過這些管道去學習，多方嘗試各種食譜，並詳細記錄每個製作過程，找出失敗的原因。最重要的是，需了解自己最擅長做哪些點心，從中依消費者的口味及需求，適時地加以改良與研發，不斷創新求變，做出屬於自己的特色商品。

4.「網路銷售」是試市場的好途徑

網路社群的興起，像是 IG、FB 粉絲團專頁或是直播、LINE 群組經營等，提供了創業者不需要大量資金，卻能善加運用的行銷經營模式。透過網路行銷等方式推廣銷售，慢慢累積自己的口碑，商品如果試賣一段時間效果不佳，就要考量是否有口感不佳或是其他問題，想辦法改進，或是尋求專業的創業顧問諮詢。一開始若選擇開實體店面，所有菜單、商品定位、裝潢都要很明確，資金也需要充足，一旦地點選錯、產品定位錯誤，付出的可能與利潤不成正比，甚至出現營運不佳，導致關店的風險。因此，「網路銷售」是開始進入接單時最好的試水溫途徑。

不論是運用哪種銷售方式，唯有好的商品品質、專業知識以及熱情、愛分享的心，才能成為創業夢想強而有力的後盾，穩健地往經營成功之路！

烘焙必備的工具

「工欲善其事，必先利其器。」想要讓自己製作時得心應手，加快生產效率，就必需有相對應的好用器具，以下介紹烘焙時常使用的烘焙工具：

烤箱

創業初期，建議使用 40 公升以上、可調上下火的烤箱（俗稱半盤烤箱）。別擔心！這樣的容量和功能就足以讓你接單製作。

電子秤

秤材料時使用。建議挑選最小測量單位到 1 克以下，使用時更精確。

電動攪拌器

讓你在烘焙過程中，省時又省力。主要用在打蛋白、奶油、鮮奶油和奶油乳酪等，由於馬力小，適合少量製作。

中大型攪拌器

跟手持電動攪拌器用途一樣，可以打蛋白、奶油和鮮奶油以及攪拌材料等。適合大量製作，可以縮短成品製作過程，但價錢相對貴很多。

封口機

將包裝袋封口，有效延長成品口感和保存時間。

蛋捲烤盤

傳導熱快且受熱均勻，方便製作多種口味的手工蛋捲。

過篩器

主要用在過篩粉類材料，能夠使粉類更細緻，有利於跟其他材料混合。

計時器

可以提醒成品烘烤時間，以免烤過頭。

烘焙布

耐高溫，可以重複使用。

鋼盆

不管是製作麵糊、隔水加熱,或是秤材料分量,都會用的到。最好備齊大、中、小不同尺寸數個,方便使用。

擠花嘴

有不同樣式的擠花嘴,如星形、圓形、花瓣形等,可依個人喜好做選擇。

刮刀

攪拌麵糊之用。材質有分耐高溫的矽膠以及普通的橡皮這兩種,可視拌勻材料的溫度而選擇,建議兩種都備用。

打蛋器

多半用來混合少量的液體材料或打發奶油、麵糊所使用的工具。有大小之用,挑選時可依個人喜好做選擇。

擀麵棍

讓麵團可以順利延展並維持一致的厚度,是製作點心時輕鬆省時的工具。

探針溫度計

小而輕巧,測試食材溫度之用。

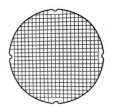

散熱架

幫助剛出爐的成品散熱、加速冷卻，避免有過度濕軟的問題。

飛盤架

散熱架的一種，方便蛋糕模倒扣、冷卻用。

各式烤模

市面上烤模有陽極、碳鋼、固定式與分離式，大小也有4吋、6吋、8吋等尺寸。端看個人依製作蛋糕的種類與大小做合適的選擇。

各式糕餅模具

可用來製作月餅、鳳梨酥等糕餅做為塑形用。

烘焙常見的 Q&A

Q1：家中沒有營業用的大烤箱，若以一般烤箱進行，會建議用多少容量及功能性的呢？

A：雖然烤箱越大，一次可以生產的數量多，在時間和成本上也相對降低。但是營業用的烤箱還需另外配電，建議一開始先用「家用烤箱」，以 40 公升、可調上下火為佳，就足以應付小量接單和各式蛋糕、餅乾、糕餅製作，等到真的確定要全心做這個事業、訂單總是接不完時，就可以考慮買營業用的大烤箱。

Q2：要如何估算成本、利潤以及訂售價？

A：計算商品成本時，「食材、製作時間、水電、個人薪資、包材和運送」都需要列入進去，以方便估算利潤和訂出適合的售價，也可以透過網路找尋相關商品的價格，做為參考。

　　原則上，食材的等級會直接反應在成本的高低，像是奶油，有分國產、進口，價差就差了 60 元左右，其製作出的口感也會有差異性，就要端看自己對品質的需求和售價而定。

　　至於「水電」，一度電落在 4 ～ 5 元左右，而水費計算方式比較複雜，以一般家庭正常使用來說，每個月落在 100 元左右。烘焙時，用電最多的就是烤箱，接下來，教大家如何計算烤箱的電費：

以 40 公升烘王烤箱每小時消耗功率 1400 瓦計算，使用烤箱 1 小時所需要用的電費：

1,400 瓦 ÷ 1,000 瓦 =1.4 倍

4 元 X1.4 倍 =5.6 元

※ 備註：「1 度電」就是耗電量 1,000 瓦特（W）的用電器具，連續使用 1 小時（H）所消耗的電量。

　　薪資部分，根據勞動部 108 年規定，時薪為 150 元計算。那麼當一個個點心製作好後，要如何安全送到顧客手中？這時包裝和運送就很重要了，記得要將包材和運送費用也列入成本之一。

　　計算好以上這些費用後，接下來就是要訂出合理售價了！一般來說，起司類的蛋糕淨利可以達到 5 成左右，而餅乾、糕點、點心等可以達到 4 成。假設成本是 200 元，想要賺 4 成，算法是：售價 = 成本 ÷（1-40%），也就是 333 元 =200÷（1-40%）。

以書中「法式起司渲染條」為說明：

（大小為長 35X 寬 25X 高 3.5 公分，可切 32 條）

①食材

名稱	份量（克數）	每克（顆）價錢	總計
消化餅乾	260	0.25 元	67 元
奶油	120	0.4 元	48 元
咖啡粉	2	0.1 元	0.2 元
熱水	4	0.1 元	0.4 元
奶油乳酪	1000	0.24 元	240 元
細砂糖	160	0.045 元	7.2 元
雞蛋	220（約 4 個）	4 元	16 元
動物鮮奶油	100	0.29 元	29 元
玉米粉	30	0.06 元	1.8 元
保久乳	80	0.615 元	49 元
香草酒	少許	5 元	5 元
檸檬汁	60	0.11 元	7 元
食材成本	約 471 元		

②電費

製作乳酪餡	30 分鐘
烘烤	1 小時
總計	1.5 小時
電費（5.6 元／時）	約 8.4 元

註：製作乳酪餡時，由於會使用攪拌機攪拌
　　均勻，因此粗估 30 分鐘。

③個人薪資

食材採買	1 小時
製作起司條	2 小時
包裝	30 分鐘
總計	3.5 小時
薪資（150 元／時）	525 元

④包裝

起士乳酪包裝紙（0.75 元／張）	50 元
總計	50 元

⑤起司條售價（共 32 條）

食材	471 元
電費	8.4 元
個人薪資	525 元
包裝	50 元
運送	無
總計成本	1054 元
利潤（抓 5 成）	2108 元
一條售價	66 元

註：運送以自取為主，故省略。若顧客要宅配，
　　運費再另計。

Q3：如何換算本書食譜配方，符合自己接單的數量呢？

A：基本上，1 個 8 吋，可以做 2 個 6 吋的；2 個 8 吋，可以做 1 個 10 吋的。舉例來說，接到戚風蛋糕 8 吋 2 個的訂單，書中使用的配方是 6 吋 2 個，由於 2 個 6 吋等於 1 個 8 吋，此時只要將配方克數直接乘於 2 倍即可。

Q4：蛋糕、餅乾和月餅類的商品，在包裝上有什麼注意事項？運送要如何安排？

A：良好的包裝可以避免商品因碰撞而損毀，目前市面上許多烘焙材料行或是專業包材專賣店都有販賣各式各樣的包材，可以依照自己的需求進行選購。

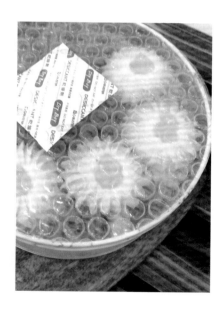

· 餅乾類：

具有酥脆的特性，很容易在運送過程中碎掉，若使用包裝袋的話，一定要用封口機封住，防止空氣進入；或者也可以使用塑膠盒、鐵盒等容器包裝，建議在空隙處塞滿氣泡紙，不但可以將餅乾固定，也能緩衝撞，減少碎掉的機會。特別注意的是，餅乾一定要完全烤透，放涼後再密封，可放入一包乾燥劑或脫氧劑，保持產品的乾燥、維持酥脆的口感。

- **蛋糕、起司類：**

  蛋糕講求的就是美味，因質地軟，較容易在運送過程中位移或變形，在包裝上要多費心，要不然顧客尚未品嘗時，就被撞壞的外貌打壞了食慾。包裝方面，可以挑選蛋糕設計盒，防止盒子傾斜倒下來，也可以利用手邊的現材，用膠套或是夾層間格來固定。至於運送，可以根據書中食譜建議的方式，用冷藏或冷凍運送。

- **糕餅類：**

  一般的月餅禮盒，可以放置 4 至 12 個小月餅，而且包裝盒裡面通常要有內襯，主要是為了保護盒內的產品。

Q5：一次接到大量的訂單，有蛋糕、餅乾、月餅類，製程上要如何安排才比較好呢？

A：首先，須了解每個品項製作時間、保存期限以及包裝，建議先從賞味期最長的開始製作，如餅乾、糕餅類，最後才是需要冷凍或冷藏的蛋糕類。如果遇到節慶（例如過年、中秋節、聖誕節等），正是宅配最忙碌的時候，在接單的同時需要好好考慮宅配是否來得及送到顧客手中。

Part.1

人氣不敗！
乳酪起司蛋糕
— Popular Cheese Cake —

法式渲染起司條

家用烤盤 1 個
（長 35X 寬 25
X 高 3.5 公分）

第一階段
上火 180℃
下火 130℃
第二階段
上火 150℃
下火 130℃

第一階段
10 分鐘
第二階段
50 分鐘

冷凍 1 個月
※ 退冰 20 分鐘後
享用才好吃哦！

材料 ....

〔餅乾底〕
消化餅乾········ 260g
無鹽奶油········ 120g

〔裝飾〕
咖啡粉 ···············2g
熱水 ···············4g

〔乳酪餡〕
奶油乳酪········1000g
細砂糖 ··········· 160g
雞蛋（常溫）·······4個
動物鮮奶油·······100g
玉米粉 ············· 30g
保久乳 ············· 80g
※味道較清爽，也可以替
　代動鮮。
香草酒 ·············少許
檸檬汁 ············· 60g

- 烤盤鋪上烘焙紙或白報紙。
  ※ 依烤盤尺寸，先在烘焙紙上畫 4 個角，沿折線對折，並切開四角。對折處可用果醬或蛋糊黏住。

- 乳酪需在製作前 1 小時從冰箱取出，回復室溫。
  ※ 若材料用冰的，乳酪糊做起來會比較稠且不細緻。

- 烤箱預熱上火 180℃ 、下火 130℃ 。

做法 ⋯⋯⋯

1. 製作餅乾底：將奶油以小火或隔水加熱至融化成液狀。

2. 將餅乾打碎，可用攪拌棒壓成粉狀。倒入奶油中，攪拌均勻。

3. 將拌好的餅乾碎均勻壓入烤盤底部，放進冰箱冷凍 10 分鐘，讓餅乾底變硬，要切蛋糕時才不會碎。

POINT！
記得要用力壓緊，可利用鏟刀壓緊實。

4. 製作乳酪糊：將奶油乳酪以電動攪拌器慢速打軟後，加入細砂糖攪拌均勻，再倒入香草酒拌勻。

POINT！
過程中，需從下方拌上來，才能將乳酪打軟。

5. 依序加入雞蛋（分 4 次）、玉米粉、動鮮、保久乳和檸檬汁，每一次都要攪拌均勻才慢慢倒入下一樣。

6. 取 50g 的乳酪糊備用。將剩下的乳酪糊倒入餅乾底上，盤子敲 2 下，使用刮板抹平。

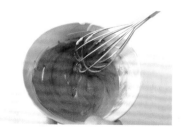

POINT !
咖啡乳酪糊可以隔著濾網倒入，才比較不會結塊。

7. 裝飾畫線：咖啡以熱水調勻後，加入 50g 的乳酪糊混合。

8. 將咖啡乳酪糊倒入擠花袋中，剪一小洞，在乳酪糊表面畫出線狀條紋。

9. 接著使用竹籤來回畫直線做出花紋，記得要間隔 1 公分畫。

10. 將烤盤放入較大的烤盤上，注入 200 克的溫水（約 50°C），放進預熱好的烤箱，隔水蒸烤 10 分鐘後，將上火調至 150°C，續烤 50 分鐘。

11. 出爐後連同烘焙紙一起將蛋糕拉出來，撕開周圍的烘焙紙，放置在散熱架冷卻後，進冰箱冷藏 2 小時。

12. 最後切成條狀食用。

POINT！
想要切出漂亮的乳酪條，需將長刀加熱後再切下去，才會有乾淨俐落的切面哦！

marble cheese cake

法式摩卡起司條

家用烤盤 1 個
（長 35X 寬 25
X 高 3.5 公分）

第一階段
上火 180℃
下火 130℃
第二階段
上火 160℃
下火 130℃

第一階段
10 分鐘
第二階段
50 分鐘

冷凍 1 個月

※ 退冰 20 分鐘後
享用才好吃哦！

材料

〔餅乾底〕

消化餅乾‥‥‥‥ 200g
無鹽奶油‥‥‥‥ 60g

〔咖啡乳酪餡〕

奶油乳酪‥‥‥‥ 800g
細砂糖‥‥‥‥‥ 150g
雞蛋（常溫）‥‥ 3個
動物鮮奶油‥‥‥ 150g

玉米粉‥‥‥‥‥ 40g
咖啡粉‥‥‥‥‥ 10g
咖啡酒‥‥‥‥‥ 5g

事先準備

· 烤盤鋪上烘焙紙或白報紙。
  ※ 依烤盤尺寸，先在烘焙紙上畫 4 個角，沿折線對折，並切開四角。對折處可用果醬
    或蛋糕黏住。

· 乳酪需在製作前 1 小時從冰箱取出，回復室溫。
  ※ 若材料用冰的，乳酪糊做起來會比較稠且不細緻。

· 烤箱預熱上火 180℃、下火 130℃。

1. 製作餅乾底：將奶油以小火或隔水加熱至融化成液狀。

2. 將餅乾打碎，可用攪拌棒壓成粉狀。倒入奶油中，攪拌均勻。

3. 將拌好的餅乾碎均勻壓入烤盤底部，放進冰箱冷凍10分鐘，讓餅感底變硬，要切蛋糕時才不會碎。

4. 製作咖啡乳酪糊：將動鮮與咖啡粉以隔水加熱的方式攪拌均勻，稍微冷卻後倒入咖啡酒。

POINT！
記得要用力壓緊，可利用鍋鏟壓緊實。

5. 將奶油乳酪以電動攪拌器慢速打軟後，加入細砂糖攪拌均勻。

POINT！
過程中，需從下方拌上來，才能將乳酪打軟。

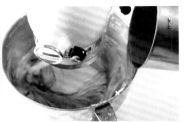

POINT！
最後可用打蛋器加強
拌勻。

6. 依序加入雞蛋（分 3 次）、玉米粉和咖啡動鮮酒，每一
次都要攪拌均勻才慢慢倒入下一樣。

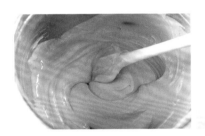

7. 將咖啡乳酪糊倒入餅乾底上，盤子敲 2 下，使用刮板抹
平。將烤盤放入較大的烤盤上，注入 200 克的溫水（約
50°C），放進預熱好的烤箱，隔水蒸烤 10 分鐘後，將
上火調至 160°C，續烤 50 分鐘。

8. 出爐後連同烘焙紙一起將
蛋糕拉出來，撕開周圍的
烘焙紙，放置在散熱架冷
卻後，放進冰箱冷藏 2 小
時，最後切成條狀食用。

野莓奶酥起司派

6 吋
幕斯圈 1 個
SN3243

上火 180℃
下火 150℃

60 分鐘

冷藏 7 天
冷凍 15 天

材料

〔餅乾底〕

消化餅 ………… 80g
無鹽奶油 ……… 30g

〔奶酥〕

細砂糖 ………… 10g
無鹽奶油 ……… 15g
低筋麵粉 ……… 20g
杏仁 …………… 10g

藍莓果醬 ……… 20g
藍莓 …………… 適量

〔乳酪餡〕

奶油乳酪 ……… 300g
馬茲卡彭 ……… 150g
細砂糖 ………… 65g
鹽 ………………… 1g
雞蛋（常溫）…… 2個
玉米粉 ………… 20g
動物鮮奶油 …… 40g
檸檬汁 ………… 20g

事先準備

· 烤模先用烘焙紙圍一圈，底部也需鋪上烘焙紙。

· 乳酪在製作前 1 小時從冰箱取出，回復室溫。
  ※ 若材料用冰的，乳酪糊做起來會比較稠且不細緻。

· 烤箱預熱上下火 200℃ 。

33

做法 ⋯⋯⋯⋯⋯⋯⋯⋯⋯⋯⋯⋯⋯⋯⋯⋯⋯⋯⋯⋯⋯⋯⋯⋯⋯⋯⋯⋯⋯⋯⋯⋯⋯⋯

1. 製作餅乾底:將奶油以小火或隔水加熱至融化成液狀。

2. 將餅乾打碎,可用攪拌棒壓成粉狀後倒入奶油中,攪拌均勻。

3. 將拌好的餅乾碎均勻壓入烤模底部,放進冰箱冷凍10分鐘,讓餅感底變硬,要切蛋糕時才不會碎。

POINT！
記得要用力壓緊,可利用鍋鏟壓緊實。

4. 製作乳酪糊:將乳酪、馬茲卡彭以電動攪拌器慢速打軟後,加入細砂糖、鹽攪拌均勻。

POINT！
過程中,需從下方拌上來,才能將乳酪打軟。

5. 依序加入雞蛋(分3次)、玉米粉、動鮮和檸檬汁,每一次都要攪拌均勻才慢慢倒入下一樣。

6. 倒入一半的乳酪糊在餅乾底上，盤子敲 2 下，排出空氣。使用刮板抹平。

7. 擠入藍莓果醬，再倒入剩下的乳酪糊，輕輕搖晃至均勻。

8. 製作奶酥：將奶油、低筋麵粉、砂糖、杏仁倒入盆中，攪拌均勻後冷藏 10 分鐘。

9. 先鋪上藍莓在乳酪糊表面，再均勻灑上奶酥。

10. 將烤模放入烤盤上，注入 200 克的溫水（約 50°C），放進預熱好的烤箱，將上火調至 180°C、下火 150°C，隔水蒸烤 60 分鐘。

11. 出爐後連同烘焙紙一起將蛋糕拉出來，撕開周圍的烘焙紙，放置在散熱架冷卻，切片享用。

牛奶焦糖起司蛋糕

慕斯圈 6 個
SN3476

上火 210℃
下火 130℃

18 ～ 20 分鐘

冷藏 7 天
冷凍 15 天

材料 ....

〔 餅乾底 〕
消化餅 ············· 90g
無鹽奶油 ········· 36g

〔 乳酪餡 〕
奶油乳酪 ········· 500g
雞蛋（常溫）······ 3個
細砂糖 ············ 100g
動物鮮奶油 ······· 55g
檸檬汁 ············· 55g

〔 焦糖 〕
細砂糖 ············· 75g
水 ·················· 15g
動物鮮奶油 ······· 90g
鹽 ·················· 2g

· 烤模內先鋪上紙模，再放上慕絲圈。

· 乳酪需在製作前 1 小時從冰箱取出，回復室溫。
　※ 若材料用冰的，乳酪糊做起來會比較稠且不細緻。

· 烤箱預熱上火 210℃ 、下火 130℃ 。

做法

1. 製作餅乾底：將奶油以小火或隔水加熱至融化成液狀。

2. 將餅乾打碎，可用攪拌棒壓成粉狀。倒入奶油中，攪拌均勻。

3. 將拌好的餅乾碎均勻壓入烤模底部，放進冰箱冷凍10 分鐘，讓餅感底變硬，要切蛋糕時才不會碎。

4. 製作乳酪糊：將乳酪以打蛋器打軟後，加入動鮮、細砂糖、蛋液攪拌均勻後，倒入過篩的檸檬汁拌勻。

5. 將乳酪糊裝入擠花袋中，使用圓形擠花嘴擠至烤模 8 分滿，輕輕敲平。

POINT！

蛋糕要在稍微裂開之前，就
要出爐了。若烤太久，容易
裂開，淋上焦糖會不好看。

6. 將烤模放入烤盤上，注
入 50°C 熱水，放進預熱
好的烤箱中，隔水蒸烤
18 ～ 20 分鐘。

POINT！

若將冰的動鮮直接與細砂糖
加熱溶解，會結粒，容易攪
拌不均勻。

7. 煮焦糖：動鮮隔水加熱至
40 ～ 50°C。

8. 另取一小鍋，倒入砂糖、
水和鹽，以小火煮至水分
蒸發，且糖從無色變成褐
色後即可熄火。

9. 煮好的焦糖快速倒入做
法 7 的動鮮中，拌勻後過
篩。

10. 焦糖趁熱淋在烤好的蛋
糕上。

POINT！

冷藏 1 小時後，用熱毛巾或瓦
斯烤一下幕斯圈，比較好脫模。

乳酪布丁燒

耐熱胖胖杯
12 個

第一階段
上火 180℃
下火 150℃
第二階段
上下火 150℃

第一階段
15 ～ 20 分鐘
第二階段
35 分鐘

冷藏 5 天

〔布丁液〕
動物鮮奶油⋯⋯400g
牛奶⋯⋯⋯⋯400g
細砂糖⋯⋯⋯⋯95g
蛋黃⋯⋯⋯⋯220g
雞蛋⋯⋯⋯⋯108g
香草酒⋯⋯⋯⋯5g

〔焦糖液〕
細砂糖⋯⋯⋯⋯50g
冷水⋯⋯⋯⋯ 10g

〔乳酪糊〕
蛋白⋯⋯⋯⋯70g
蛋黃⋯⋯⋯⋯30g
細砂糖⋯⋯⋯⋯45g
奶油乳酪⋯⋯⋯85g
無鹽奶油⋯⋯⋯25g
牛奶⋯⋯⋯⋯105g
玉米粉⋯⋯⋯⋯10g
低筋麵粉⋯⋯⋯25g

事先準備

· 將布丁液的蛋黃和雞蛋攪拌均勻備用。
· 12 個胖胖杯放置在烤盤上。
· 烤箱預熱上火 180℃ 、下火 150℃ 。

POINT！
不可加入冷水會結塊，而且
務必從旁邊慢慢倒進去，以
防危險。

做法 ....

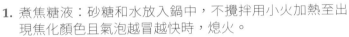

1. 煮焦糖液：砂糖和水放入鍋中，不攪拌用小火加熱至出
現焦化顏色且氣泡越冒越快時，熄火。

2. 從鍋邊慢慢倒入 10g 熱水
（材量份量外），開小火
繞勻後離火。

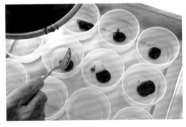

3. 將焦糖液倒入杯子正中
央，會比較有層次感。

4. 煮布丁糊：鍋中放入動鮮、牛奶、香草酒和細砂糖，以
小火煮至鍋邊冒泡時（約 70℃ ）慢慢倒入蛋黃液拌勻，
靜置，等到乳酪糊做好後再倒入杯中。

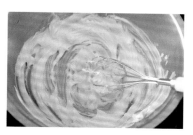

POINT！
若將冰的動鮮直接與細砂糖加熱溶解，不但會結粒，也相當容易攪拌不均勻。

5. 煮乳酪糊：將奶油乳酪隔水加熱至軟化。

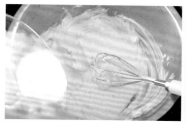 

6. 加入無鹽奶油和牛奶攪拌均勻，煮至 60℃ 離火。

  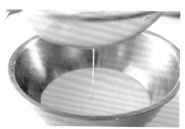

7. 加入過篩的玉米粉、低筋麵粉，從底部往上快速拌勻至看不到顆粒狀。

8. 蛋黃分次加入，攪拌均勻成乳酪糊。

9. 乳酪糊過篩 1 次，放回溫水盆中。

43

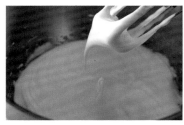

10. 蛋白以電動攪拌器高速打出粗泡後，轉中速分次加入細砂糖，打發至蛋白自然呈現出微微的彎鉤狀（中性發泡）。

11. 舀 1/3 的蛋白霜拌入乳酪糊中，從底部往上輕柔翻拌混合至沒有看到白色的蛋白霜殘留即可停止。

12. 將拌好的乳酪糊倒入剩下的蛋白霜中，翻拌至沒有看到蛋白霜、麵糊色澤均勻且質地滑順有光澤，倒入裝有擠花嘴的擠花袋中。

13. 將布丁糊倒入焦糖杯中晃。

POINT！

布丁液需用 80 目過濾網過篩，並撈掉奶泡，讓布丁的口感能更細緻。

14. 再將乳酪糊平均擠入布丁液表面。

15. 倒入 100℃熱水至烤盤 1/3 的高度。

16. 放進預熱好的烤箱，以隔水烘烤方式烤至蛋糕上色後調頭，將上下火調為 150℃，共烤 55 分鐘。

17. 蛋糕冷卻後，用火烤後的烙印印章，印在布丁燒表面。

日式輕乳酪

6 吋橢圓不沾模
2 個
SN6802

第一階段
上火 210℃
下火 110℃
第二階段
上火 160℃
下火 130℃

第一階段
15 分鐘
第二階段
60 分鐘

冷凍 15 天

材料 ....

奶油乳酪 ……… 200g
牛奶 …………… 160g
蛋黃 …………… 4個
蛋白 …………… 4個
細砂糖 ………… 120g

低筋麵粉 ………… 25g
玉米粉 …………… 25g
無鹽奶油 ……… 60g

事先準備 ....

· 烤模先抹上烤盤油。

· 玉米粉和低筋麵粉過篩。

· 乳酪在製作前 1 小時從冰箱取出,回復室溫。
　※ 若材料用冰的,乳酪糊做起來會比較稠且不細緻。

· 烤箱預熱上火 210、下火 110℃ 。

1. 煮乳酪糊：將牛奶、無鹽奶油和奶油乳酪攪拌均勻，以隔水加熱的方式煮至 60℃。

2. 加入過篩的玉米粉、低筋麵粉，從底部往上快速拌勻至看不到顆粒狀。

3. 蛋黃分次加入，攪拌均勻成乳酪糊。

4. 將乳酪糊過篩 1 次，放回溫水盆中，降溫至 40℃ 保溫。

POINT！
蛋白霜會越打越軟，但遇到空氣後會變硬，所以倒入模具之前，記得要先拌勻。

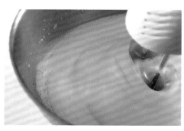 

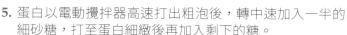

5. 蛋白以電動攪拌器高速打出粗泡後，轉中速加入一半的細砂糖，打至蛋白細緻後再加入剩下的糖。

6. 改成低速慢慢打發至蛋白霜不滴落、能夠拉出立起的尖角微微垂下如同鳥嘴狀（約 3 指鉤的高度），此階段接近濕性發泡。

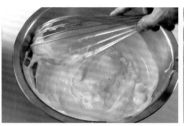 

7. 舀入 1/3 蛋白霜拌入乳酪糊中，從底部往上輕柔翻拌至看不到白色的蛋白霜殘留即可停止。

POINT！
拌勻的動作要輕柔，
以免蛋白消泡。

8. 將拌好的乳酪糊倒入剩下的蛋白霜中，翻拌至看不到蛋白霜、麵糊色澤均勻且質地滑順有光澤。

9. 將烤模放入烤盤上，乳酪糊慢慢地倒入模具中，輕敲烤模，震出空氣，注入冷水至烤盤 1 公分的高度，放進預熱好的烤箱，隔水蒸烤共 75 分鐘。

10. 等蛋糕表面上色後（中途約 15 分鐘），打開烤箱門降溫，避免蛋糕裂開。

11. 再將上火調至 160°C、下火 130°C，續烤 60 分鐘，關火燜 5 分鐘。出爐後放置在散熱架冷卻，10 分鐘後倒扣脫模，切片享用。

童夢檸檬乳酪

6 吋童夢模 2 個

第一階段
上火 220℃
下火 130℃
第二階段
上火 140℃
下火 130℃

第一階段
12 分鐘
第二階段
58 分鐘

冷凍 15 天

材料

蜂蜜	15g	玉米粉	42g
牛奶（常溫）	190g	低筋麵粉	26g
無鹽奶油	55g	蛋黃	108g
奶油乳酪	210g	蛋白	228 g
檸檬汁	20g	細砂糖	110g

事先準備

· 烤模先噴上烤盤油。

· 乳酪在製作前 1 小時從冰箱取出，回復室溫。
　※若材料用冰的，乳酪糊做起來會比較稠且不細緻。

· 玉米粉和低筋麵粉過篩。

· 烤箱預熱上火 220℃、下火 130℃。

1. 煮乳酪糊：將蜂蜜、牛奶、無鹽奶油和奶油乳酪一起以隔水加熱的方式煮至60℃，攪拌均勻後加入檸檬汁。

2. 加入過篩的玉米粉、低筋麵粉，從底部往上快速拌勻至看不到顆粒狀。

3. 蛋黃分次加入，攪拌均勻成乳酪糊。

4. 將乳酪糊過篩 1 次，放回溫水盆中，降溫至 40℃ 保溫。

5. 蛋白以電動攪拌器高速打出粗泡後，轉中速加入一半的細砂糖，打發至蛋白細緻後，再加入剩下的細砂糖。

POINT！
蛋白霜會越打越軟，但遇到
空氣後會變硬，所以倒入模
具之前，記得要先拌勻。

6. 改成低速慢慢打發至蛋白
霜不滴落、能夠拉出立起
的尖角微微垂下如同鳥嘴
狀（約 3 指鉤的高度），
此階段接近濕性發泡。

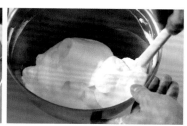

7. 舀 1/3 的蛋白霜拌入乳酪糊中，從底部往上輕柔翻拌至
看不到白色的蛋白霜殘留即可停止。

8. 將拌好的乳酪糊倒入剩下的蛋白霜中，翻拌至沒有看到
蛋白霜、麵糊色澤均勻且質地滑順有光澤。

POINT！
拌勻的動作要輕柔，以免
蛋白會消泡。

9. 將烤模放入烤盤上，乳酪糊慢慢地倒入模具中，輕敲烤模，震出空氣，注入冷水至烤盤 1 公分的高度，放進預熱好的烤箱，隔水蒸烤共 70 分鐘。

10. 等蛋糕表面上色後（中途約 12 分鐘），打開烤箱門降溫，避免蛋糕裂開。

11. 再將上火調至 140°C，續烤58 分鐘，關火燜 5 分鐘。出爐後放置在散熱架冷卻，10分鐘後倒扣脫模。

Part.2

好吃到停不下來！

美味蛋糕

— Delicious Cakes Recipe —

黑眼豆豆巧克力蛋糕

小蜂框一個

（外框長 28 X 寬 18
X 高 9 公分）

第一階段
上火 180℃
下火 130℃
第二階段
上下火 150℃

第一階段
10 分鐘
第二階段
75 分鐘

常溫 2 天
冷藏 4 天

材料 ···

蛋白 ················ 8個	低筋麵粉 ·········· 90g
蛋黃 ················ 8個	牛奶（常溫）····· 130g
細砂糖 ··········· 125g	巧克力碎片 ······· 35g
植物油 ··········· 75g	高融點巧克力····· 30g
可可粉 ··········· 35g	

事先準備 ···

· 烤模內鋪上烘焙紙或白報紙。

· 烤製時採用隔水烤，先準備一個比烤模更大
的容器或烤盤，將烤模放進去。

· 烤箱預熱上火 180℃、下火 130℃。

57

1. 先將油、可可粉倒入鋼盆中，以中火煮至飄出香味，邊煮邊攪拌，關火備用。

2. 慢慢倒入牛奶，邊倒邊攪拌，降溫至 40℃。

3. 加入過篩的低筋麵粉，翻拌至看不到顆粒狀。

POINT！
加入低筋麵粉時，要馬上攪拌，麵粉才不易結塊、成團。

4. 接著倒入蛋黃，拌勻至麵糊濃稠且具有流動性。

5. 蛋白以電動攪拌器高速打出粗泡後，轉中速分次加入細砂糖，打發至蛋白紋路明顯呈雲狀。

6. 改低速慢慢打發至蛋白霜不滴落、能夠拉出立起的尖角微微垂下如同鳥嘴狀（約 2 指鉤的高度）。

7. 舀 1/3 的蛋白霜拌入巧克力糊中，從底部往上輕柔翻拌至看不到白色的蛋白霜殘留即可停止。
   ※ 剩下的蛋白霜先稍微攪拌一下，讓其回軟、質地會更好。

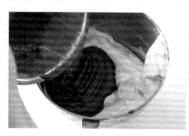

8. 將拌好的麵糊倒入剩下的蛋白霜中，翻拌至看不到蛋白霜、麵糊色澤均勻且質地滑順有光澤。
   ※ 如果攪拌過度，麵糊會呈現比較流質的狀態。

9. 倒入 1/2 的麵糊在模具中,使用刮刀將表面稍微整平,平均撒上巧克力碎。

10. 再倒入剩下的麵糊,表面整平後,撒上高融點巧克力。

11. 將烤模放入容器或烤盤內,注入 300g 的冷水。

12. 放進預熱好的烤箱中,烘烤 10 分鐘後,再將上下火調降至 150℃ ,烤至熟透為止,共烤 85 分鐘。

13. 將水倒出,乾烤 10 分鐘即可出爐。

POINT！

可用探刺針或細竹籤測試,如果蛋糕中央沒有沾染濕麵糊,即代表烘烤完成。

14. 出爐後連同烘焙紙一起將蛋糕拉出來,撕開周圍的烘焙紙,放置在散熱架冷卻後,切片享用。

羅爸烘焙小教室

烘焙紙這樣折

在烤盤鋪上烘焙紙，烤出來的蛋糕會比較漂亮哦！

1. 取一張比小蜂框大的烘焙紙或白報紙，在烘焙紙上畫出四個角。
2. 沿著四個角對折，折出同木框底的面積。
3. 使用美工刀切開四角，並折出立體的方框形，多餘的對摺處可用果醬、蛋糊黏住。
4. 將烘焙紙放入木框盒內。

使用木框製作蛋糕優點

木框保濕性佳且受熱均勻，烤出來的蛋糕柔軟有彈性，而且導熱性比鐵製烤模慢，不太會烤得焦黑。

原味戚風蛋糕

6 吋活動烤模
2 個
SN5022

第一階段
上火 210℃
下火 130℃
第二階段
上火 160℃
下火 130℃

第一階段
10 分鐘
第二階段
35 分鐘

常溫 3 天

材料

蛋白（冷藏）‥‥‥‥ 4個
蛋黃 ‥‥‥‥‥‥‥‥ 5個
細砂糖 ‥‥‥‥‥‥‥ 50g
牛奶 ‥‥‥‥‥‥‥‥ 65g
香草酒 ‥‥‥‥‥‥‥ 少許

鹽 ‥‥‥‥‥‥‥‥‥ 少許
玉米胚芽油 ‥‥‥‥‥ 40g
低筋麵粉 ‥‥‥‥‥‥ 85g

事先準備

· 烤箱預熱上火 210℃ 、下火 130℃ 。
· 玉米胚芽油也可用其他植物油替代。

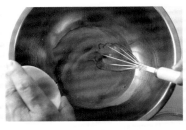

1. 把蛋黃倒入鋼盆中拌勻後，倒入香草酒拌勻。

2. 接著倒入胚芽油攪拌至蛋黃融合在一起，再倒入牛奶和鹽攪拌均勻。

3. 加入過篩的低筋麵粉，從底部往上快速拌勻至看不到顆粒狀。

4. 蛋白以電動攪拌器高速打出粗泡後，轉中速分次加入糖，打發至蛋白紋路明顯呈雲狀。

5. 改低速慢慢打發至蛋白霜不滴落、能夠拉出立起的尖角微微垂下如同鳥嘴狀（約 2 指的高度）。

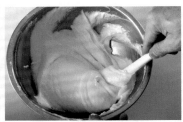

6. 舀 1/3 的蛋白霜拌入蛋糕糊中，從底部往上輕柔翻拌至看不到白色的蛋白霜殘留即可停止。

POINT！
加入低筋麵粉時，要馬上攪拌，麵粉才不易結塊、成團。

7. 將拌好的麵糊倒入剩下的蛋白霜中，翻拌至看不到蛋白霜、麵糊色澤均勻且質地滑順有光澤。

8. 將麵糊平均分成 2 份，各自倒入模具中（連同烤模的重量約 490g），使用刮板將表面抹平。

POINT！

蛋糕的表面呈金黃色時才可以劃線。劃線的目的是為了不讓蛋糕膨脹時從旁邊裂開，影響美觀。

9. 放進預熱好的烤箱中，烘烤 10 分鐘時先在表面切出十字線。

10. 將上火調至 160℃，續烤 35 分鐘。

POINT！

可用探刺針或細竹籤測試，如果蛋糕中央沒有沾染濕麵糊，即代表烘烤完成。若沒烤熟，中央會比較濕潤，倒扣時有可能因蛋糕重量掉落下來。

11. 輕敲烤模，震出空氣，倒扣在飛碟蛋糕架上，待冷卻後脫模，雙手輕壓蛋糕，從下方往上推底盤，取出蛋糕。

Delicious Cakes Recipe

古早味海綿蛋糕

中型海綿模
12 個
SN6001

第一階段
上火 210℃
下火 150℃
第二階段
上火 130℃
下火 150℃

第一階段
13 分鐘
第二階段
9 分鐘

常溫 3 天

材料

雞蛋	200g	香草酒	少許
蛋黃	100g	植物油	90g
細砂糖	180g	牛奶	40g
低筋麵粉	220g		

事先準備

· 在烤模噴上薄薄一層烤盤油（抹豬油亦可，
　會更香），使用廚房紙巾均勻抹開。

· 烤箱預熱至上火 210℃、下火 150℃。

· 低筋麵粉分 2 次過篩。

· 香草酒與牛奶混勻成香草牛奶液。

  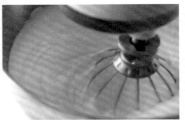

1. 依序將雞蛋、蛋黃、糖慢慢地倒入鋼盆中,以電動打蛋器高速攪打出蛋糊變白、變濃稠後,轉中速打發至蛋白紋路明顯呈雲狀、拉起時不太流動。

2. 再改成低速慢慢打發至可以寫出「8」字且不會沉下去後,再打 1 ~ 2 分鐘即可停止。

3. 加入過篩的低筋麵粉,翻拌至看不到顆粒狀。

4. 倒入植物油,邊拌勻邊倒入香草牛奶液。

5. 將麵糊倒入擠花袋中,用平口擠花嘴填入烤模至 8 分滿。

6. 輕敲烤模，除了讓麵糊的氣泡消失，也能使麵糊均勻。放入預熱好的烤箱，烤 13 分鐘後將上火調至 130℃，續烤 9 分鐘即可出爐。

7. 輕敲烤模，震出空氣，倒扣，待完全冷卻後脫模，取出蛋糕。

波士頓夾心派

8 吋派盤 2 個
SN5416

第一階段
上火 220℃
下火 120℃
第二階段
上火 180℃
下火 120℃

第一階段
10 分鐘
第二階段
35 分鐘

冷藏 4 ～ 5 天
冷凍 10 天

材料

蛋白 ‧‧‧‧‧‧‧‧‧‧‧‧‧ 210g
細砂糖 ‧‧‧‧‧‧‧‧‧‧ 105g
蛋黃 ‧‧‧‧‧‧‧‧‧‧‧‧‧ 100g
低筋麵粉 ‧‧‧‧‧‧‧ 110g
玉米粉 ‧‧‧‧‧‧‧‧‧‧‧ 20g
蘭姆酒 ‧‧‧‧‧‧‧‧‧‧‧ 10g

植物油 ‧‧‧‧‧‧‧‧‧‧‧‧ 70g
牛奶 ‧‧‧‧‧‧‧‧‧‧‧‧‧‧ 65g

〔**內餡**〕

鮮奶油 ‧‧‧‧‧‧‧‧‧ 350g
細砂糖 ‧‧‧‧‧‧‧‧‧‧‧ 30g

事先準備

‧ 烤箱預熱上火 230℃、下火 120℃。
‧ 玉米粉和低筋麵粉過篩。

1. 將蛋黃倒入鋼盆中打散後，倒入蘭姆酒拌勻。

2. 接著邊倒入植物油邊攪拌至與蛋黃融合在一起，再倒入牛奶拌勻。

 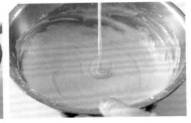

3. 加入過篩的低筋麵粉和玉米粉，從底部往上快速拌勻至看不到顆粒狀。

POINT！
要馬上攪拌，麵粉才不會結塊、結團。

 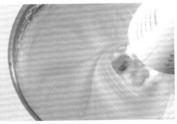 

4. 蛋白以電動攪拌器高速打出粗泡後，分 2 次加入細砂糖，攪拌 1 分鐘。

5. 轉中速，將蛋白打出細緻發亮後，再轉低速打 1 分鐘，提起攪拌器時成挺挺的直立勾狀（乾性發泡）。

POINT！
拌勻手法要輕柔、要快速，讓蛋糊更有彈性。

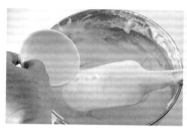 

POINT ！
拌勻手法要輕柔、要快速，避免消泡過多。

6. 舀 1/3 的蛋白霜加入蛋黃糊中，從底部往上輕柔翻拌至看不到白色的蛋白霜殘留即可停止。

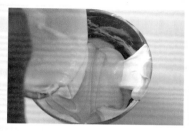 

7. 將拌好的麵糊倒入剩下的蛋白霜中，翻拌至看不到蛋白霜、麵糊色澤均勻且質地滑順有光澤。

8. 將麵糊平均分成 2 份，各自倒入派盤中（連同派盤的重量約 453g）。

9. 使用刮板從外圍向中間往上推抹成像一座小山。

10. 將派盤放在烤盤上，放進預熱好的烤箱，共烤約 45 分鐘。

POINT ！
放在烤盤上的目的是讓波士頓受熱更平均，進而讓底部不要這麼熱而裂開。

73

11. 當表皮烤到出色時，約在中途 8 ～ 10 分鐘，將上火調至 180℃，續烤 35 分鐘。

POINT！
此時先將烤箱門開一小縫降溫，避免表面裂開，降至理想溫度後關門。

12. 出爐後，輕敲烤模，震出空氣，倒扣在飛碟散熱架上等待冷卻。

13. 製作內餡：將鮮奶油放入容器，隔冰水從慢速開始攪打至濃稠後轉中速，倒入細砂糖，打至濃稠、無流動狀。

POINT！
打好的內餡若沒有要立刻使用，請冷藏。

14. 將冷卻好的波士頓脫模，雙手輕壓蛋糕周圍，從下方往上推底盤，取出。從下緣將蛋糕切對半。

POINT！
盡量將鮮奶油抹成中間開、周圍低的圓拱狀。

15. 取 280 克的鮮奶油塗在下片蛋糕的表面，蓋上上片。

16. 最後將上片蛋糕表面塗抹薄薄一層鮮奶油，灑上防潮糖粉（材料份量外），也可不灑。

17. 做好蛋糕放入冰箱冷藏一晚再切片，會比較漂亮。

蜂蜜藍莓花紋蛋糕捲

烘王烤盤	第一階段 上火 210℃ 下火 130℃ 第二階段 上火 180℃ 下火 130℃ 第三階段 上火 160℃ 下火 130℃	第一階段 10 分鐘 第二階段 10 分鐘 第三階段 8 分鐘	常溫 3 天 冷藏 5 天
（長 41.5X 寬 33 X 高 3.5 公分）			

材料

蛋白 …………… 8個	〔**內餡**〕
蛋黃 …………… 8個	藍莓果醬 ……… 適量
細砂糖 ………… 115g	
保久乳 ………… 120g	〔**畫花紋**〕
植物油 ………… 80g	蛋黃 …………… 1.5個
低筋麵粉 ……… 100g	
玉米粉 ………… 10g	
蜂蜜 …………… 30g	

事先準備

· 烤模內鋪上烘焙紙或白報紙。

　※ 將烘焙紙裁成與烤盤相同大小。先在烘焙紙上畫 4 個角，沿折線對折，並切開四角。對折處可用果醬、蛋糊黏住。

· 烤箱預熱上火 210℃、下火 130℃。

做法

1. 先將植物油、保久乳倒入鋼盆中，拌勻至乳化狀態。

2. 加入過篩的低筋麵粉，拌勻至看不到顆粒狀。

POINT ！
加入低筋麵粉時，要馬上攪拌，麵粉才不會結塊、結團。

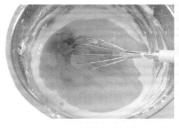

3. 接著倒入蛋黃和蜂蜜拌勻。

4. 蛋白以電動攪拌器高速打出粗泡後，轉中速分次加入糖和玉米粉，打發至蛋白紋路明顯呈雲狀。

5. 改成低速慢慢打發至蛋白霜不滴落、能夠拉出立起的尖角微微垂下如同鳥嘴狀（約 2 指鉤的高度）。

6. 舀 1/3 的蛋白霜拌入蛋黃糊中，從底部往上輕柔翻拌至看不到白色的蛋白霜殘留即可停止。

7. 將拌好的麵糊倒入剩下的蛋白霜中，翻拌至看不到蛋白霜、麵糊色澤均勻且質地滑順有光澤。
※ 如果攪拌過度，麵糊會呈現比較流質的狀態。

8. 將麵糊倒入已鋪好烘焙紙的模具中，使用刮刀將表面均勻抹平。

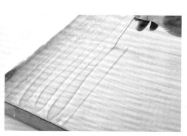

9. 製作花紋：將蛋黃倒入擠花袋中，剪一小洞，以直線擠在蛋糕糊。

10. 接著使用竹籤或牙籤，在蛋糕上劃花紋，完成後輕敲模具，排出空氣。

POINT！
擠的時候，記得要間隔 1 公分距離，才會漂亮。

11. 放進預熱好的烤箱下層，烤約 10 分鐘時，先將上火調至 180℃，烤到 20 分鐘時，再調降 160℃，共烤 28 分鐘。

12. 出爐後輕敲烤模，蛋糕才不會縮。連同烘焙紙一起將蛋糕拉出來，撕開四周的烘焙紙，放置散熱架上冷卻。

POINT！
放涼的過程中，表面要蓋上烘焙紙，避免過乾。

13. 冷卻後的蛋糕倒放在一張較大的烘焙紙上（此時有花紋的表面會朝下），並切對半（連同紙切對半）。

14. 將蛋糕表面塗上薄薄一層藍莓醬，亦可塗上鮮奶油或其他喜愛的果醬。

15. 將蛋糕體捲起，放入冰箱冷藏至少 1 小時，再取出切片。

POINT！
切片時，先用鋸齒刀往下切些，再換成刀子切，切面會比較漂亮。

羅爸烘焙小教室

捲蛋糕的手法這樣做

捲蛋糕有不少需要注意的地方,掌握以下這些技巧,再勤加練習,蛋糕才能捲得好看又漂亮!

往外拉
往內擠

往上捲

1. 將擀麵棍放在烘焙紙下同時提起。
2. 捲起蛋糕體第一下,先壓定型。
3. 再用擀麵棍將紙慢慢捲起,蛋糕體自然會向前收起。
4. 收到尾端時,將擀麵棍收緊,一手拉緊烘焙紙,另一手用擀麵棍往內推,讓蛋糕定型。
5. 最後一路捲到底,包好兩側。

小山園抹茶蛋糕

烘王烤盤

（長 41.5X 寬 33
X 高 3.5 公分）

第一階段
上火 200℃
下火 130℃
第二階段
上火 160℃
下火 130℃

第一階段
6 分鐘
第二階段
18 分鐘

冷藏 5 天

蛋白 ………… 266g	小山園抹茶粉……8g
蛋黃 ………… 126g	※ 日式抹茶粉的顏色比較漂亮。
細砂糖 ……… 90g	牛奶 ……………80g
蜂蜜 ………… 20g	
低筋麵粉 …… 80g	〔內餡〕
植物油 ……… 60g	動物鮮奶油……150g
	細砂糖 …………10g

事先準備

· 烤模內鋪上烘焙紙或白報紙。

· 抹茶粉、低筋麵粉都要過篩。

· 烤箱預熱上火 200℃、下火 130℃。

· 將內餡的鮮奶油和細砂糖打發備用。

1. 先將牛奶倒入鋼盆中，再倒入植物油、蜂蜜一起攪拌均勻。

2. 加入過篩的抹茶粉和低筋麵粉，拌勻至看不到顆粒狀。

POINT！
加入麵粉時，要馬上攪拌，
麵粉才不會結塊、結團。

3. 接著倒入蛋黃，拌勻至麵糊濃稠且具有流動性。

4. 蛋白以電動攪拌器高速打出粗泡後，轉中速分次加入細砂糖，打發至蛋白紋路明顯呈雲狀。

5. 改低速慢慢打發至蛋白霜不滴落、能夠拉出立起的尖角微微垂下如同鳥嘴狀（約 2 指鉤的高度）。

6. 舀 1/3 的蛋白霜拌入抹茶麵糊中，從底部往上輕柔翻拌至看不到白色的蛋白霜殘留即可停止。

※ 剩下的蛋白霜先稍微攪拌一下，讓其回軟、質地會更好。

7. 將拌好的麵糊倒入剩下的蛋白霜中，翻拌至看不到蛋白霜、麵糊色澤均勻且質地滑順有光澤。

※ 如果攪拌過度，麵糊會呈現比較流質的狀態。

POINT！
雙手拿起烤模輕敲，讓多餘空氣跑出。

8. 將麵糊倒入烤盤內，使用刮刀將表面稍微整平。

9. 放進預熱好的烤箱中，烘烤 6 分鐘至蛋糕上色後調頭，再將上火調至 160℃，烤至熟透為止（約 18 分鐘）。

10. 出爐後連同烘焙紙一起將蛋糕拉出來，撕開周圍的烘焙紙，放置在散熱架冷卻。

POINT！
放涼的過程中，表面要蓋上烘焙紙，避免過乾。

11. 將蛋糕倒放在一張較大的烘焙紙上（此時有上色的正面朝下），脫下烘焙紙，並連同紙切對半。

12. 取一半蛋糕體正面朝上，塗上薄薄一層鮮奶油。

13. 將蛋糕體捲起，捲的手法請參照 P81。

14. 稍微整型修邊角，對切成 4 等份或 3 等份。

簡單包裝，打上緞帶，看起來更好吃了哦！

古早味椰子捲

烘王烤盤
（長 41.5X 寬 33
X 高 3.5 公分）

第一階段
上火 200℃
下火 120℃
第二階段
上火 160℃
下火 130℃
第三階段
上火 210℃
下火 150℃

第一階段
15 分鐘
第二階段
11 分鐘
第三階段
12 ～ 15 分鐘

常溫 3 天
冷藏 5 天

〔材料〕

蛋白 …………… 310g	柳橙汁 ………… 125g	〔椰子餡〕
蛋黃 …………… 145g	植物油 ………… 85g	椰子粉 ………… 45g
鹽 ………………… 2g		細砂糖 ………… 20g
細砂糖 ………… 120g	〔內餡〕	無鹽奶油（常溫）20g
低筋麵粉 ……… 110g	柳橙果醬 ……… 適量	奶粉 …………… 15g
玉米粉 ………… 15g	*果醬口味可隨個人喜好變化。	雞蛋 ……………1個
		蛋黃 ……………1個

〔事先準備〕

· 玉米粉和低筋麵粉過篩。

· 烤箱預熱上火 200℃、下火 130℃。

做法 ‥‥‥‥‥‥‥‥‥‥‥‥‥‥‥‥‥‥‥‥‥‥‥‥‥‥‥‥‥‥‥‥‥‥‥

1. 將油加溫至約 50℃ ，周圍有油紋即可離火。

2. 加入過篩的玉米粉和低筋麵粉，拌勻至看不到顆粒狀。

3. 接著加入鹽和柳橙汁快速拌勻至麵糊濃稠且具有流動性後，再倒入蛋黃快速攪勻，以免結塊。

4. 蛋白以電動攪拌器高速打出粗泡後，轉中速分次加入細砂糖，打發至蛋白紋路明顯呈雲狀。

5. 改成低速慢慢打發至蛋白霜不滴落、能夠拉出立起的尖角微微垂下如同鳥嘴狀（約 2 指鉤的高度）。

6. 舀 1/3 的蛋白霜拌入蛋黃糊中，從底部往上輕柔翻拌至看不到白色的蛋白霜殘留即可停止。

※ 剩下的蛋白霜先稍微攪拌一下，讓其回軟、質地會更好。

7. 將拌好的麵糊倒入剩下的蛋白霜中，翻拌至看不到蛋白霜、麵糊色澤均勻且質地滑順有光澤。

※ 如果攪拌過度，麵糊會呈現比較流質的狀態。

8. 將麵糊倒入烤盤內，使用刮刀將表面刮平整。

POINT！
雙手拿起烤模輕敲，讓多餘空氣跑出。

9. 放進預熱好的烤箱下層，烘烤 15 分鐘至蛋糕上色後調頭，再將上火調至 160℃，續烤 11 分鐘。

10. 出爐後連同烘焙紙一起將蛋糕拉出來，撕開周圍的烘焙紙，放置在散熱架冷卻後，抹上果醬直接捲成柱體狀備用。

11. 製作椰子餡：將椰子餡全部食材拌勻，摸起來要軟軟的，若太硬會抹不上去，可加濕性材料。

12. 椰子餡抹在蛋糕體表面，中間抹厚，兩側抹薄。

 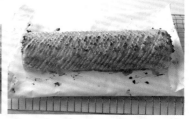

13. 接著以刀子壓出斜紋路，以上火 210℃、下火 150℃ 烤至外觀金黃，時間約 12～15 分鐘。

POINT！
出爐後可抹些融化的果漿或橘子果醬，讓表面不要過乾，比較濕潤。

Delicious Cakes Recipe

岩燒蜂蜜蛋糕

6 吋烤模 2 個
SN5022

第一階段
上火 170℃
下火 120℃
第二階段
上火 150℃
下火 120℃
第三階段
上火 210℃

第一階段
15 分鐘
第二階段
23 分鐘
第三階段
6 分鐘

冷藏 5 天

材料 ....

〔蛋糕體〕

蛋白 5個		植物油 50g
蛋黃 5個		低筋麵粉 85g
細砂糖 80g		蜂蜜 20g
牛奶 80g		

〔淋醬〕

無鹽奶油 12.5g
動物鮮奶油 27.5g
起司片 40g
蜂蜜 11.5g
植物油 9g

- 低筋麵粉過篩。
- 烤箱預熱上火 170℃ 、下火 120℃ 。
- 起司片撕成小片狀 。

做法

 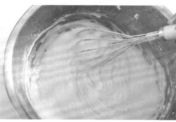 

1. 製作蛋糕體:將蜂蜜、牛奶和植物油拌勻後,倒入過篩的低筋麵粉,從底部往上快速拌勻至看不到顆粒狀。

2. 倒入蛋黃快速攪勻,以免結塊。

3. 蛋白以電動攪拌器高速打出粗泡後,轉中速分次加入糖,打發至蛋白自然呈現出一個微微的彎鉤狀(中性發泡)。

4. 舀 1/3 的蛋白霜拌入蛋黃糊中,從底部往上輕柔翻拌至看不到白色的蛋白霜殘留即可停止。

5. 將拌好的麵糊倒入剩下的蛋白霜中，翻拌至看不到蛋白霜、麵糊色澤均勻且質地滑順有光澤，倒入 6 吋烤模。

6. 放進預熱好的烤箱，烤約 15 分鐘時調頭，將上火調為 150℃，續烤 23 分鐘。出爐後倒扣放涼，進冷凍後 1 小時加工。

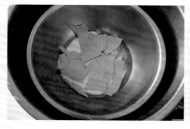

7. 煮淋醬：鍋中依序放入奶油、植物油、動鮮、蜂蜜和撕成片狀的起司片，以隔水加熱的方式攪至融合。

8. 等蛋糕表面變硬後從冰箱取出脫模，中間壓一下。

9. 將餡料淋在蛋糕體中間，用抹刀由中間向外抹平。

10. 再進烤箱，僅以上火 210℃ 烤 6 分鐘至周圍呈金黃色。

拿破崙蛋糕

烘王烤盤 1 個
（長 41.5X 寬 33
X 高 3.5 公分）

第一階段
上火 200℃
下火 130℃
第二階段
上火 180℃
下火 130℃

第一階段
15 分鐘
第二階段
7 分鐘

常溫 3 天
冷藏 5 天

材料（2 條份量）

蛋白 ………… 266g	〔裝飾〕
蛋黃 ………… 126g	起酥片 …………… 6片
細砂糖 ……… 105g	烤好的杏仁片… 150g
低筋麵粉 ……… 110g	
玉米粉 ………… 15g	〔奶油餡〕
植物油 ………… 70g	發酵奶油 ……… 100g
牛奶 ………… 120g	細砂糖 ………… 20g
鹽 …………… 2g	蘭姆酒 …………… 5g
香草酒 ………… 5g	

事先準備

· 起酥片用叉子戳洞，以上下 180℃烤 35 分鐘，
  中途 12 分鐘拿出來壓一下，不讓皮澎起來。

· 杏仁片以上下火 150℃烤 20 分鐘。

· 玉米粉和低筋麵粉過篩。

· 烤箱預熱上火 200℃、下火 130℃。

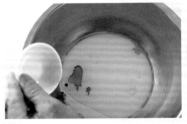  

1. 將牛奶倒入鋼盆中，再倒入植物油、鹽和香草酒一起攪拌均勻。

2. 加入過篩的玉米粉和低筋麵粉，拌勻至看不到顆粒狀。

3. 接著倒入蛋黃快速攪勻，以免結塊。

4. 蛋白以電動攪拌器高速打出粗泡後，轉中速分次加入細砂糖，打發至蛋白紋路明顯呈雲狀。

5. 改成低速慢慢打發至蛋白霜不滴落、能夠拉出立起的尖角微微垂下如同鳥嘴狀（約 2 指鉤的高度）。

6. 舀 1/3 的蛋白霜拌入蛋黃糊中，從底部往上輕柔翻拌至看不到白色的蛋白霜殘留即可停止。

   ※ 剩下的蛋白霜先稍微攪拌一下，讓其回軟、質地會更好。

7. 將拌好的麵糊倒入剩下的蛋白霜中，翻拌至看不到蛋白霜、麵糊色澤均勻且質地滑順有光澤。

   ※ 如果攪拌過度，麵糊會呈現比較流質的狀態。

8. 將麵糊倒入烤盤內，使用刮刀將表面刮平。

   ※ 雙手拿起烤模輕敲，讓多餘空氣跑出。

9. 放進預熱好的烤箱，烘烤 15 分鐘後，將上火調至 180℃，續烤 7 分鐘。

10. 出爐後連同烘焙紙一起將蛋糕拉出來，撕開周圍的烘焙紙，放置在散熱架冷卻。

11. 製作奶油餡：將發酵奶油和細砂糖打發後，倒入蘭姆酒打至變白。

12. 蛋糕體抹上薄薄一層，先切一條寬 5 公分的蛋糕體備用。

POINT！
放涼的過程中，表面要蓋上烘焙紙，避免過乾。

13. 如圖所示依序擺上起酥片，抹上奶油，再蓋上起酥片，再疊上寬 5 公分的蛋糕體，抹上一層奶油，最後蓋一片起酥片。

14. 將蛋糕體捲起來，切片。捲的手法請參照 P81。

15. 蛋糕表面抹上一層奶油，沾裹杏仁片。

原味生乳捲

烘王烤盤 1 個
（長 41.5X 寬 33
X 高 3.5 公分）

第一階段
上火 200℃
下火 130℃
第二階段
上火 160℃
下火 130℃

第一階段
12 分鐘
第二階段
12 分鐘

冷藏 4 天
冷凍 10 天

材料（2 條份量）..

蛋白（冷藏）····· 304g
蛋黃（冷藏）····· 144g
細砂糖 ·········· 120g
油 ················ 80g
低筋麵粉 ········ 110g
玉米粉 ··········· 20g

保久乳 ·········· 130g
※ 可用牛奶取代。
香草酒 ·········· 少許
鹽 ··············· 2g

〔內餡〕
動物鮮奶油 ····· 350g
細砂糖 ··········· 30g
蘭姆酒 ············ 5g

- 牛奶置於室溫回溫。
- 玉米粉和低筋麵粉過篩。
- 烤箱預熱上火 200℃ 、下火 130℃ 。

做法

1. 將油加溫至約 50℃ ，周圍有油紋即可離火。

2. 加入過篩的玉米粉和低筋麵粉，拌勻至看不到顆粒狀。

3. 接著加入鹽和保久乳快速拌勻至麵糊濃稠且具有流動性。

4. 最後倒入蛋黃快速攪勻，以免結塊。

5. 蛋白以電動攪拌器高速打出粗泡後，轉中速分次加入細砂糖，打發至蛋白紋路明顯呈雲狀。

6. 改成低速慢慢打發至蛋白霜不滴落、能夠拉出立起的尖角微微垂下如同鳥嘴狀（約 2 指鉤的高度）。

7. 舀 1/3 的蛋白霜拌入蛋黃糊中，從底部往上輕柔翻拌至看不到白色的蛋白霜殘留即可停止。

※ 剩下的蛋白霜先稍微攪拌一下，讓其回軟、質地會更好。

8. 將拌好的蛋黃糊倒入剩下的蛋白霜中，翻拌至看不到蛋白霜、麵糊色澤均勻且質地滑順有光澤。

※ 如果攪拌過度，麵糊會呈現比較流質的狀態。

9. 倒入烤盤內，使用刮刀將表面整平。

10. 放進預熱好的烤箱下層，烘烤 12 分鐘至蛋糕上色後調頭，再將上火調至 160℃ ，續烤 12 分鐘。

POINT ！
雙手拿起烤模輕敲，讓多餘空氣跑出。

11. 出爐後連同烘焙紙一起將蛋糕拉出來，撕開周圍的烘焙紙，放置在散熱架冷卻。

POINT ！
放涼的過程中，表面要蓋上烘焙紙，避免過乾。

103

12. 製作內餡：將內餡全部
材料以低速打勻後，轉
高速打至中乾發。

13. 冷卻後的蛋糕倒放在一
張較大的烘焙紙上（此
時有上色的正面朝下），
脫下烘焙紙，抹上薄薄
一層鮮奶油。

14. 將蛋糕體捲起來，讓兩邊的內餡跑出來，放入冷凍 40 分鐘。捲的手法請參照 P81。

15. 稍微整型修邊角，對切
2 份即可。

Part. 3

經典好滋味！

傳統糕餅

— Classic Pastry Recipe —

Classic
Pastry Recipe

老婆餅

上火 200℃
下火 180℃

20 分鐘

常溫 15 天

材料（12 個）

〔 油皮 〕
中筋麵粉⋯⋯⋯300g
糖粉 ⋯⋯⋯⋯⋯50g
水 ⋯⋯⋯⋯⋯150g
無水奶油⋯⋯⋯110g

〔 油酥 〕
低筋麵粉⋯⋯⋯220g
無水奶油⋯⋯⋯110g

〔 內餡 〕
無鹽奶油⋯⋯⋯60g
細砂糖⋯⋯⋯⋯150g
水 ⋯⋯⋯⋯⋯⋯85g
糕粉 ⋯⋯⋯⋯⋯60g
※ 拌勻冷藏 30 分鐘。

事先準備

‧ 烤箱預熱火 200℃、下火 180℃。

1. 製作內餡：將內餡全部材料倒入鋼盆中，攪拌至沒有顆粒狀後冷藏 30 分鐘。

2. 製作油皮：將中筋麵粉、奶油和過篩的糖粉倒入鋼盆中，水分次倒入，使用電動攪拌器攪拌成團狀。

3. 蓋上保鮮膜或塑膠袋，醒 20 分鐘。

4. 製作油酥：將低筋麵粉、奶油倒入鋼盆中，使用電動攪拌器拌勻，放進冰箱冷藏醒 20 分鐘。

5. 均分內餡、油皮和油酥，內餡每顆 20g、油皮每顆 20g、油酥每顆 15g，並滾成圓形。

6. 取出醒好的油皮，壓平後拉開再對摺。

7. 包入油酥，整圓並收口，收口朝下放。

8. 沾點手粉，輕壓酥皮。使用擀麵棍從酥皮中間壓下，先從中間往上擀平後，再從中間往下擀平，捲起酥皮。

POINT !
千萬不要來回擀開，油皮才比不會裂開。

9. 再壓酥皮，使用擀麵棍從中間輕輕壓下，先從中間往上擀平後，再從中間往下擀平，最後用手捲起來。

10. 將鬆弛好的酥皮從中間輕壓後，擀開成比內餡大 1.5 倍的大小。

※ 手可以沾點手粉，避免沾粘。

11. 包入內餡，輕輕包合收口。

12. 用手輕壓，並用擀麵棍擀成 8.5 公分的圓形。

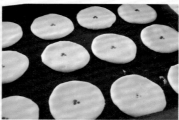

13. 依序放入烤盤上，表面先點上紅紅的裝飾，再均勻塗上蛋液。

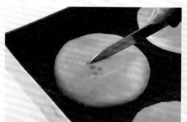

POINT！
麵皮表面劃兩刀的目的是避免烘烤時爆開。

14. 用刀子劃 2 刀，放進預熱好的烤箱。

15. 烤至表面上色金黃即可取出，時間約 20 分鐘。

豆沙松子廣式月餅

月餅模 63g

上火 240℃
下火 190℃

12 分鐘

常溫 20 天

材料 (24 顆)

〔油皮〕
轉化糖漿 ………100g
蜂蜜 ………………60g
花生油 ……………70g
鹹水 …… 4g (可不加)
低筋麵粉 ……… 250g

〔內餡〕
紅豆沙 …………900g
松子 ……………100g
※ 可換成核桃、蛋黃。

事先準備

・烤箱預熱上火 240℃、下火 190℃。

1. 製作內餡：松子以 140 ～
   150℃烘烤約 10 分鐘後取
   出放涼，加入紅豆沙一起
   攪拌均勻。

2. 將豆沙餡均分為每顆43g，
   搓揉成圓形，放置冰箱冷
   凍一下，比較硬會比較好
   包。

3. 製作油皮：將糖漿、花生
   油、蜂蜜和鹹水依序倒入
   盆中，使用手動打蛋器攪
   拌均勻，接著倒入過篩的
   低筋麵粉。

4. 使用刮刀拌勻至看
   不到顆粒為止，蓋
   上保鮮膜，冷藏 2
   小時醒麵。

5. 取出油皮，用手輕壓
   後，平均分成20g，
   滾成圓形。

6. 將整形好的油皮沾些粉，置於乾淨的塑膠
   袋子上，對折後將餡壓成中間厚旁邊薄
   （外皮要比內餡大 1.5 倍）。

7. 將豆沙餡包入油皮中，慢慢推開並搓揉成球形，收口處捏至完全密合。
   ※ 手可以沾點手粉，避免沾粘。

羅爸烘焙小教室

· 烤這種月餅溫度要夠，烤起來才會漂亮，不會變軟軟的。
· 廣式月餅的最佳賞味期是放涼後的第 3 天，記得要密封好，餅
  皮會回油，才會變軟、變亮，更好吃。

8. 將包好的月餅放入月餅模中，用手撐住模具底部，移至烤盤，壓模具 2 下，再慢慢拉起
   模具，取出月餅。

9. 放進預熱好的烤箱，共烤 12 分鐘。中途烤 6 分鐘定型後
   先取出，在凸出紋路輕輕刷上一層蛋黃汁，再放回烤箱
   烤 6 分鐘至表面呈金黃色。

綠豆椪

上火 210℃
下火 190℃

22 分鐘

常溫 7 天
冷藏 10 天

材料（24 顆）

〔 油皮 〕
中筋麵粉……300g
糖粉 …………38g
無水奶油……100g
冰水 …………165g

〔 油酥 〕
低筋麵粉……260g
無水奶油……105g

〔 內餡 〕
綠豆沙 ………700g
炒好的肉燥…200g

事先準備

· 烤箱預熱上火 210℃、下火 190℃。

1. 製作油皮:將油皮所有材料(除冰水之外)倒入鋼盆中,冰水分 3 次加入,使用電動攪拌器拌勻。蓋上保鮮膜,醒 30 分鐘。

2. 製作內餡:將綠豆沙使用攪拌機拌勻,再倒入肉燥拌勻。

   ※ 若內餡有點硬,可以倒入保久乳(約 20 克)調整軟硬度。

3. 均分內餡、油皮和油酥,內餡每顆 23g、油皮每顆 23g、油酥每顆 13g。

4. 將油皮滾圓後壓平,包入 13g 油酥,整圓收口。

5. 輕壓酥皮,使用擀麵棍滾壓後(中間皮厚,旁邊皮薄),用手捲起。

6. 反個方向再以擀麵棍滾壓酥皮，捲好後靜置 5 分鐘。

7. 將酥皮沾些粉，用手稍微
壓一下。

8. 使用擀麵棍再擀一次，翻面，包入肉餡，輕輕包合收口。

9. 將月餅底部鋪上一層保鮮膜，蓋上印章。

10. 放入預熱好的烤箱，烤
22 分鐘。

119

鳳梨酥

鳳梨酥模

上火 180℃
下火 200℃

22 分鐘

常溫 20 天

材料（24 顆）

〔油皮〕
發酵奶油……167g
無水奶油………60g
糖粉 ……………50g
乳酪粉 …………20g
全蛋液 ………… 65g
低筋麵粉……330g
奶粉 ……………30g

〔內餡〕
土鳳梨…………300g
冬瓜餡…………150g
奶油 ……………35g

事先準備

· 糖粉、乳酪粉、奶粉和低筋麵粉都要過篩。

· 烤箱預熱上火 180℃、下火 200℃。

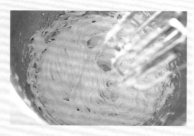  

1. 製作油皮：將發酵奶油、無水奶油和過篩的糖粉倒入鋼盆中，使用電動攪拌器拌勻，蛋液分 2 次倒入，繼續拌勻。

2. 接著加入過篩的乳酪粉、奶粉和低筋麵粉，使用刮刀拌勻，蓋上保鮮膜，冷藏 30 分鐘。
※ 油皮經過冷藏後會變硬，且不容易出油。

3. 製作內餡：將土鳳梨、冬瓜餡和奶油倒入鋼盆中，用雙手拌勻即可。

4. 均分內餡、油皮。內餡每顆 20g、油皮每顆 27g，並滾圓。

5. 壓平油皮，包入內餡，慢慢推開搓揉成球形。

122

6. 沾點手粉，搓揉成長條橢圓後，放進烤盤上的模具內，用手輕壓，再用壓模輕輕壓平，成品會更漂亮。

7. 放進預熱好的烤箱，烤 12 分鐘後翻面，使烤色更均勻。

8. 再蓋一張烘焙紙，壓上烤盤，烤出來的成品才會方方正正，續烤 10 分鐘即可出爐。

蛋黃酥

上火 220℃
下火 170℃

22 分鐘

常溫 7 天
冷藏 15 天

材料（24 顆）

〔 油皮 〕
中筋麵粉……200g
無水奶油……68g
糖粉…………34g
水…………100g

〔 油酥 〕
低筋麵粉……220g
無水奶油……90g

〔 內餡 〕
蛋黃………24個
烏豆沙………600g

事先準備

- 將生蛋黃噴一些米酒（可去腥），進烤箱烤 12 分鐘。
- 烤箱預熱上火 220℃、下火 170℃。
- 將烏豆沙均分為每顆 25 克，搓揉成圓形，放置冰箱冷凍一下，會變較硬、較好包。

1. 製作油皮：將中筋麵粉、奶油、過篩的糖粉倒入鋼盆中，水分次慢慢的倒入，使用電動攪拌器攪拌成團狀。

2. 蓋上保鮮膜或塑膠袋，醒 20 分鐘。

3. 製作油酥：將低筋麵粉和奶油倒入鋼盆中，使用電動攪拌器拌勻，冷藏醒 20 分鐘。

4. 均分油皮和油酥，油皮每顆 16g、油酥每顆 13g，並滾成圓形。

5. 將油酥包在油皮內，先對摺再包起。

6. 沾點手粉，輕壓酥皮，使用擀麵棍從酥皮中間壓下，再從中間往上擀平後從中間往下擀平，捲起麵皮。

POINT！
不要來回擀開，油皮才比較不會裂開。

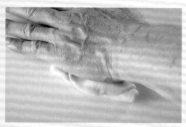

7. 再壓酥皮，使用擀麵棍從中間輕輕壓下，再從中間往上擀平後從中間往下擀平，用手捲起來。

8. 將鬆弛好的酥皮從中間輕壓後，擀開成比內餡大 1.5 倍大小。
　※ 手可以沾點手粉，避免沾粘。

9. 將烏豆沙從冰箱取出回溫，壓平，放在酥皮上，再放上蛋黃。

10. 慢慢推開並搓揉成球形，收口處捏至完全密合。

POINT！
用大拇指虎口做出漂高的表面，尾端要內摺，做塑型。

11. 將 4 顆蛋黃液（材料份量
外）過篩，加入牛奶 10g
（材料份量外）拌勻。
※ 蛋黃液需過篩，烤出來的
成品會比較美。

12. 蛋黃酥依序放入烤盤內，分 2 次刷在麵團表面，先刷上
一層，再刷上第二層，最後點上芝麻。

13. 放進預熱好的烤箱，烤
20 分鐘。

POINT ！
記得不要烤太久，避免
過乾、表面裂開。

香橙酥

上火 210℃
下火 190℃

22 ～ 24 分鐘

常溫 7 天

材料（15 顆）

〔 油皮 〕
高筋麵粉⋯⋯⋯75g
低筋麵粉⋯⋯⋯75g
無水奶油⋯⋯⋯58g
冰水 ⋯⋯⋯⋯⋯60g
糖粉 ⋯⋯⋯⋯⋯25g
奇亞籽⋯⋯⋯⋯28g

〔 油酥 〕
低筋麵粉⋯⋯⋯165g
無水奶油⋯⋯⋯⋯70g

〔 內餡 〕
綠豆沙⋯⋯⋯⋯300g
蛋黃末⋯⋯⋯⋯100g
橘子皮⋯⋯⋯⋯30g
保久乳⋯⋯⋯⋯20g
君度橙酒⋯⋯⋯ 8g

〔 裝飾 〕
杏仁豆⋯⋯⋯⋯15個

事先準備

· 烤箱預熱上火 210˚C、下火 190˚C。

做法

1. 製作油皮：將油皮所有材料
（除冰水、奇亞籽之外）倒
入鋼盆中，冰水分 3 次加
入，使用電動攪拌器拌勻。

2. 再倒入奇亞籽，先用刮刀拌一下，以攪拌器慢速打 1 分
鐘，蓋上保鮮膜，冷藏醒 30 分鐘。

3. 製作油酥：將低筋麵
粉、奶油倒入鋼盆中，
使用攪拌機拌勻，放進
冰箱冷藏醒麵 1 天會比
較滑順。

POINT！
用手戳下去測試，若不黏手即可。

4. 製作內餡：將內餡所有材料倒入鋼盆中，使用電動攪拌器拌勻成團狀。

※ 若內餡有點硬，可以倒入保久乳調整軟硬度。

5. 分割內餡，每顆為 30g，並搓成圓形。

6. 取出醒好的油皮，捲成長方形，以手刀方式，平均分割油皮和油酥，油皮每顆 20g、油酥每顆 15g。

7. 將油皮滾圓後壓平，包入油酥，整圓收口。

8. 沾點手粉，輕壓酥皮，用擀麵棍先擀平一次後捲起酥皮，再壓酥皮。

133

9. 接著使用擀麵棍擀長，用手捲起來，蓋上保鮮膜醒麵。

10. 將酥皮沾點粉，用手稍微壓一下。

11. 酥皮使用擀麵棍再擀一次，翻面，包入內餡，輕輕包合收口。

12. 收口朝下，用手輕壓一下，依序放在烤盤上。

13. 取生的杏仁豆，沾點蛋白（材料份量外），壓入麵皮上。

14. 將香橙酥放入預熱好的烤箱，烤約 22 ～ 24 分鐘。

芋頭千層酥

上火 210℃
下火 190℃

21 分鐘

常溫 7 天

材料 (20 顆)

〔 油皮 〕
中筋麵粉 ‥‥‥‥ 210g
細砂糖 ‥‥‥‥‥ 28g
無水奶油 ‥‥‥‥ 68g
冰水 ‥‥‥‥‥ 100g
鹽 ‥‥‥ 1g (可不加)

〔 油酥 〕
低筋麵粉 ‥‥‥‥ 170g
無水奶油 ‥‥‥‥ 72g
紫芋粉 ‥‥‥‥‥ 8g

〔 內餡 〕
芋頭豆沙 ‥‥‥‥ 600g

事先準備

‧ 烤箱預熱上火 210℃ 、下火 190℃ 。

1. 製作油皮：將油皮所有材料（除水外）倒入鋼盆中，使用電動攪拌器拌勻，水分3次倒入，繼續拌勻。

2. 蓋上保鮮膜，醒麵30分鐘。

3. 製作油酥：將低筋麵粉、奶油和紫芋粉倒入鋼盆中，用雙手拌勻即可。

4. 以手刀方式，將醒好的油皮、油酥及內餡平均分割。油皮每顆40克、油酥每顆25克、內餡每顆30克。

5. 將油皮滾圓後壓平，包入油酥，整圓收口。

 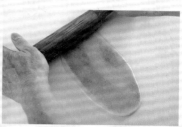

6. 沾點手粉，輕壓酥皮，用擀麵棍先擀開。

7. 接著慢慢地以斜捲方式捲起來，蓋上保鮮膜，冷藏 5 分鐘，避免斷筋。

8. 取出酥皮，手沾粉，用手搓長，再用擀麵棍先拉長再壓平，慢慢捲起來。

※ 有白白部分記得要切掉。

9. 使用切麵刀從中間切半，醒 5 分鐘，才不會斷筋。

10. 將醒好的酥皮放在工作臺上，先用手掌稍微壓平，再
用擀麵棍從中間開始往上下左右擀開。

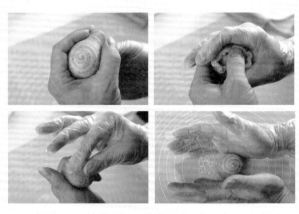

11. 擀到 1.5 倍大時，對準中心點，包入內餡，
並整圓。

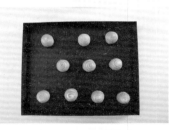

12. 將芋頭酥放入預熱好的
烤箱中，烘烤約 21 分鐘
即可出爐。

Part . 4

好評不斷！

餅乾・點心

— Reputable Cookies & Snacks —

日式大鼓燒

烘王烤盤
（長 41.5X 寬 33
X 高 3.5 公分）

上下火
190 ～ 200℃

16 ～ 18 分鐘

冷藏 3 天
冷凍 10 天

材料（8組）

〔餅皮〕

雞蛋 ·············· 2個
細砂糖 ············ 30g
植物油 ············ 26g
玉米粉 ············ 6g
低筋麵粉 ·········· 45g
保久乳 ············ 45g

〔內餡〕

鮮奶油 ············ 80g
馬士卡邦 ·········· 50g
細砂糖 ············ 15g

〔裝飾〕

巧克力 ·········· 150g
沙拉油 ············ 10g

- 將烤盤噴上薄薄一層烤盤油（抹奶油亦可），以廚房紙巾均勻抹開。
- 玉米粉和低筋麵粉過篩。
- 在烤盤撒上過篩的高筋麵粉（材料份量外），左右搖晃使麵粉均勻沾裹，
  接著將多餘的麵粉輕輕拍出或敲出。
- 將雞蛋打散，分蛋黃 36g、蛋白 76g。
- 烤箱預熱上下火 190 ～ 200℃。

做法 ....

1. 製作餅皮：將植物油用
   小火煮至出現油紋（約
   50℃）後關火，倒入過
   篩的低筋麵粉和玉米粉，
   用打蛋器拌勻至看不到顆
   粒狀。

2. 加入保久乳拌勻，再加入蛋黃拌勻成蛋黃糊。

3. 蛋白以電動打蛋器高速打發至出現粗泡後，分次加入
   糖，轉中速打發至提起打蛋器時，蛋白可以拉出挺立的
   尖角程度，再轉低速打發 1 分鐘。

4. 舀 1/3 的蛋白霜拌入蛋黃
   糊，從底部往上翻拌至看
   不到蛋黃液為止。

POINT！
此步驟需「快速拌勻」，
避免蛋白會消泡！

5. 接著倒入剩下 2/3 的蛋白霜，
   拌勻至看不到蛋白為止。

6. 將麵糊裝入有擠花嘴的擠
   花袋中，在烤盤上擠出同
   等大小的麵糊（約 1 個米
   杯的圓形）。

7. 放入預熱好的烤箱，烤
   16 ～ 18 分鐘。

POINT！
擠好麵糊後，要稍微在桌上震
一下，可以釋放麵糊中的大氣
泡，烤出來的成品才會漂亮！

（內餡）

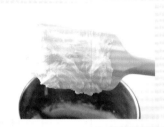

1. 將鮮奶油、馬士卡邦和糖倒入攪拌盆中，用高速打發至有硬度、有明顯的花紋痕跡。

2. 將內餡裝入有擠花嘴的擠花袋中，擠在烤好的餅皮上，
   再用另一餅皮蓋上，放進冰箱冷藏。

（裝飾）

1. 將巧克力以小火隔水加熱至融化，加入 10g 的沙拉油拌勻，讓巧克力沾起來沒有這麼厚重。

POINT！
記得到 40℃ 時先關火，利用鍋內餘溫攪拌至融化。

2. 取出組裝好的大鼓燒，兩邊先沾上巧克力，做成頭髮。

3. 將巧克力裝入有擠花嘴的擠花袋中，在大鼓燒擠出兩個眼睛，再畫出笑臉，放入冰箱冷藏或冷凍 1 分鐘，定型。

Reputable
Cookies &
Snacks

牛利

烘王烤盤
（長 41.5X 寬 33
X 高 3.5 公分）

上火 210℃
下火 150℃

8 ～ 10 分鐘

常溫 7 天

材料（30 個）

蛋黃 ……………18g
雞蛋 ……………55g
細砂糖 ………… 45g
低筋麵粉 ………45g

〔內餡〕
無鹽奶油………60g
糖粉 ……………15g
白蘭地或蘭姆酒適量

〔裝飾〕
糖粉 ………… 適量

事先準備

· 烤箱預熱上火 210℃ 、下火 150℃ 。

1. 將蛋黃、雞蛋和砂糖倒入鋼盆中，以隔水加熱方式（水溫約 40℃），攪拌均勻至蛋液越來越深。

2. 使用電動打蛋器高速打至出現白粗泡後，轉中速打至能夠拉出立起的尖角時，再用低速打發至可以寫出「8」字且不會沉下去即可停止。

3. 倒入過篩的低筋麵粉，以刮刀從底部往上輕輕翻拌勻至沒有顆粒狀。

4. 將麵糊裝進擠花袋中，用平口擠花嘴在烘焙紙上擠出 10 元大小的圓形。

5. 用篩子的適量的糖粉（材料份量外）撒在表面。

6. 雙手拉起烘焙紙輕甩 3 次，讓多餘的糖粉自然滑落，將牛利快速移至烤盤上。

羅爸烘焙小教室

· 奶油在夏季時不宜在室溫中放太久，建議要用時從冰箱取出。

7. 放進預熱好的烤箱，烤約 10 分鐘後取出，移至散落架上冷卻。

8. 使用刮刀將牛利刮落。

9. 製作內餡：將奶油和糖粉倒入鋼盆中，高速打發至有硬度、有明顯的花紋痕跡，再加入蘭姆酒（去腥），再高速打至變白。

10. 將打好的內餡裝進嘴花袋中，擠在餅皮反面，蓋上另一面。

Reputable
Cookies &
Snacks

達克瓦茲

| 達克瓦茲模 | 第一階段
上下火 180℃
第二階段
上下火 150℃ | 第一階段
10 分鐘
第二階段
10 分鐘 | 常溫 5 天
冷凍 1 個月 |

材料（8 組）

蛋白 …………118g
細砂糖…………28g
杏仁粉…………68g
糖粉 ……………68g
低筋麵粉………24g

〔**內餡**〕
蛋黃 ……………………3個
細砂糖 ……………… 35g
香草酒 ····· 少許（可不加）
牛奶 …………………… 78g
發酵奶油（冷藏）125g

事先準備

· 糖粉和低筋麵粉過篩。
· 烤盤鋪上烘焙紙，再放上達克瓦茲模。
· 烤箱預熱上下火 180℃。

153

1. 將杏仁粉和過篩的糖粉、低筋麵粉混合均勻。

2. 蛋白以電動攪拌器高速打出粗泡後,轉中速加入一半的糖,打發至蛋白紋路明顯呈雲狀。

3. 倒入剩下的糖,改成低速慢慢打發至蛋白霜不滴落、能夠拉出完全直立狀(乾性發泡)。

4. 將蛋白霜全部倒入步驟 1 的麵糊中,用刮刀以切拌的方式拌勻。

5. 將麵糊放入裝有擠花嘴的擠花袋,直接擠入烤模中,再輕輕用刮刀抹平多餘的麵糊。

6. 灑入過篩的糖粉（材料份量外）後，拉起模具。

7. 放進預熱好的烤箱，烘烤 10 分鐘後調至上下火 150℃，續烤 10 分鐘。

8. 製作內餡：將牛奶煮滾，另取一鋼盆，倒入蛋黃和糖拌勻。

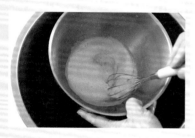 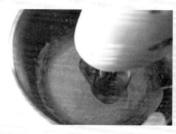

9. 將牛奶沖入蛋黃中拌勻，以小火煮至 76℃，再隔水降溫至 36℃。

10. 加入奶油和香草酒，打發至紋路明顯且輕盈蓬鬆感。

11. 出爐後將一半的餅乾翻到背面，擠入奶油。

12. 蓋上另一面餅乾片，可口的達克瓦茲完成！

鐵盒曲奇餅

烘王烤盤
（長 41.5X 寬 33
X 高 3.5 公分）

上火 180℃
下火 170℃

25 分鐘

常溫 1 個月

材料（50 個）

發酵奶油（冷藏）……225g
糖粉 ………………80g
蛋黃 ………………20g
動物鮮奶油…………20g
※ 可用牛奶取代。
低筋麵粉…………285g

鹽 …………………2g
香草酒……少許（可不加）

事先準備

· 低筋麵粉過篩。
· 烤箱預熱上火 180℃、下火 170℃。

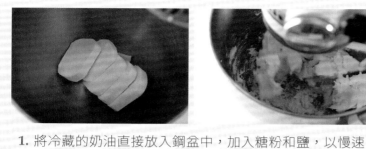

1. 將冷藏的奶油直接放入鋼盆中，加入糖粉和鹽，以慢速打勻至軟滑。

2. 改轉高速後，將奶油打發至變白、有紋路程度。

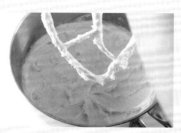

3. 再轉中速，分 2 次加入蛋黃，拌勻後加入動鮮和香草酒拌勻。

POINT！
機器打至中途時先刮一下，讓底部都可以打到。

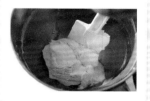

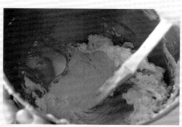

4. 加入過篩的低筋麵粉，用慢速稍微拌勻。

5. 改用刮刀拌壓，拌勻至看不到顆粒狀。

POINT！
不可打均勻，
否則會出筋。

6. 將麵糊入有擠花嘴的擠花袋中，擠出餅乾糊。

7. 可在筷子壓餅皮中間，放入夏威夷豆。

POINT！
可使用不同的擠花嘴
（六角／八角／大花）
做出不同花樣，但最好
厚薄要差不多，以便餅
乾受熱均勻。

8. 放進預熱好的烤箱，烤至
15 分鐘後調頭，續烤 10
分鐘，關火燜 5 分鐘，出
爐後放置散熱架冷卻。

芝麻手工蛋捲

三能蛋捲模

高溫

常溫 1 個月

材料

發酵奶油（冷藏）150g   奶粉 ················13g
細砂糖 ············140g   低筋麵粉 ········185g
雞蛋 ····· 2個（106g）   水 ·················100g
蛋黃 ···················18g

事先準備

· 將奶粉與低筋麵粉過篩。

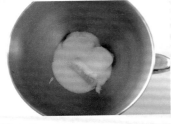 

1. 將冷藏的奶油直接加糖一
起打發至變白。

2. 蛋黃和雞蛋先在容器中攪
拌均勻。

3. 蛋黃液分3次倒入步驟1，
每加一次都要等蛋液完全
被吸收後才加入。

4. 過程中，最好使用刮刀由
下往上將奶油拌勻，讓奶
油與蛋液可以充分吸收。

5. 待蛋液完全吸收後，加入
過篩的奶粉和低筋麵粉，
以慢速攪拌，以免粉類噴
飛。

6. 接著用刮刀由下往上切壓
方式將麵粉拌勻。

POINT！
記得不要太用力，以免麵粉
出筋。

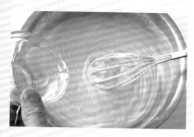

7. 將麵糊加水調成糊狀。

8. 開中小火將蛋捲模烤 3 ～ 5 分鐘。

POINT！

烤盤溫度可先試煎 1 ～ 2 支，以免溫度太高，蛋捲顏色太深，若溫度不夠，會煎得不酥。

9. 用湯匙舀 1 匙麵糊放入烤盤中間。

10. 烤盤輕壓下去，觀察麵糊從烤盤邊緣擠出來後，就不用再壓，並刮掉邊緣的麵糊。

11. 扣好卡榫，觀察水氣蒸發，若有冒煙先翻面，飄出香味後再翻面，烤約 2 ～ 3 分鐘。

12. 稍微打開烤盤，餅皮呈現焦黃色即可。

13. 利用平匙加上蛋捲棒一起捲蛋皮,先劃蛋捲皮到捲棒
    上,再往內捲。

14. 捲的時候要拉緊,收尾
    時餅乾體在煎盤上稍微
    壓一下。

15. 稍微放涼,重覆煎餅動
    作,再取出捲棒。

羅爸烘焙小教室

1. 一種麵糊可依自己的喜好
   調入不同的味道，可加入
   熟的黑芝麻粒或咖啡。

2. 蛋捲一冷卻就立即取出捲棒，以免熱脹冷縮，捲棒取不出來。

3. 蛋捲要盡快包裝入袋，以免遇到空氣軟掉。

四腳亭蘭姆夾心餅

上火 190℃
下火 170℃

28 分鐘

冷藏 1 個月

材料（12組）

〔餅乾體〕

無鹽奶油·········140g 蛋黃·············4個
糖粉················60g 鹽·············少許
低筋麵粉·········250g
杏仁粉············40g

〔內餡〕

無鹽奶油（冷藏）100g 葡萄乾···········60g
糖粉················45g 香草酒···········10g
奶粉················30g

· 糖粉和低筋麵粉過篩。
· 烤箱預熱上火 190℃ 、下火 170℃ 。

做法

1. 製作餅乾體：將過篩的糖粉加入奶油，再加鹽打均勻。

2. 蛋黃分 3 次倒入拌勻。

3. 分別加入杏仁粉與過篩的低筋麵粉拌至成團。

4. 放入塑膠袋內壓平。

5. 再擀成 30×22×0.5 公分的厚度。

6. 用雙手將塑膠袋撫平，放進冰箱冷凍 30 分鐘。

7. 製作內餡：將冷藏的奶油加入過篩的糖粉。

8. 以慢速將奶油打軟，再轉高速打至奶油變白色絨絲狀。

9. 加入奶粉、葡萄乾和香草酒，攪拌均勻後內餡就完成了。

10. 取出餅乾體，撕掉塑膠袋，灑上高筋麵粉（材料份量外）。

羅爸烘焙小教室

好吃的祕密，就是葡萄乾以 1:1 的比例與蘭姆酒浸泡 3 個月，
讓葡萄乾可以充分吸收蘭姆酒的香氣。

11. 切成 3.5×8 公分的長方形，以等間距的排列依序放入烤
盤。

12. 放進烤箱，烤 21 分鐘時
先調頭，再烤 7 分鐘即
可出爐。

13. 餅乾抹上奶油餡，美味的
蘭姆夾心餅就完成了！

北海道人氣伴手禮「六花亭葡萄奶油夾心餅乾」，用家裡的烤箱就可以自己做！

黑糖夏威夷豆塔

蛋塔模
SN6184

第一階段
上下火 170℃
第二階段
上下火 180℃

第一階段
20 分鐘
第二階段
12 分鐘

常溫 30 天

材料（小塔 36 個）

〔塔皮〕

無鹽奶油	150g	鹽	1g
糖粉	60g	低筋麵粉	300g
雞蛋	1個	杏仁粉	20g

〔內餡〕

生夏威夷豆 600g

〔糖漿〕

細砂糖	40g
蜂蜜	45g
黑糖	8g
發酵奶油	40g
動物性鮮奶油	45g

1. 塔皮麵團依照 P189 完成製作。

2. 取 27g 塔皮麵團，放在塑膠袋上，袋子對折，壓圓並壓平，比較不會沾黏。

3. 放進蛋塔模，壓至 9 分滿，再蓋上一層保鮮膜後，取一個模具向下壓，務必角對角壓到滿出來，多出來的地方用刀子刮掉。

POINT！
這個做法可以使塔皮平均壓平，烘烤出來的成品會比較漂亮。

4. 使用叉子在底部戳洞後，進烤箱，以上下火 170℃ 烤 20 分鐘。

5. 等烤模稍微冷卻後取出塔皮，放置一旁備用。

6. 製作內餡：將豆子平均鋪平放進烤盤上，以低溫（上下火 150℃）烘烤 12 分鐘至微紅色後取出。

POINT！
戳洞的目的是塔皮烘烤後比較不會縮。

羅爸烘焙小教室

- 塔皮預先冷藏 30 分鐘，使之收縮，皮會比較好壓。
- 豆子放進塔皮時，記得將比較飽滿圓的一面朝外，成品的外型更漂亮。

7. 將糖漿全部材料倒進鋼盆內，小火煮至 110° C 後拌勻，放進烤好的豆子，攪拌均勻。

8. 使用圓湯匙將豆子平均放進做法 5 的塔皮內。

9. 整形好的夏威夷豆塔放進預熱至 180℃的烤箱，烘烤約 12 分鐘，讓豆子和黑糖融合在一起，出爐盛盤。

POINT！
包裝時也比較不會黏袋子。

檸檬塔

蛋塔模
SN6184

上下火 180℃

30 分鐘

冷藏 4 天
冷凍 10 天

材料（迷你塔皮 12 個）

〔塔皮〕

無鹽奶油	80g	鹽	1g
糖粉	30g	杏仁粉	20g
雞蛋	30g	低筋麵粉	150g

〔檸檬餡〕

檸檬汁	120g	全蛋液	160g
玉米粉	6g	檸檬皮	2個
糖粉	100g	檸檬皮（裝飾用）	1個
無鹽奶油	120g		

....

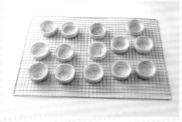

1. 塔皮依照 P189 製作完成。

2. 製作檸檬餡：將糖粉、玉米粉和檸檬皮倒入鋼盆中，以打蛋器拌勻。

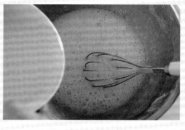

3. 取一個碗，倒入蛋液拌勻後將做法 2 倒入（邊倒要邊拌），接著倒入檸檬汁，也是邊倒邊拌勻。

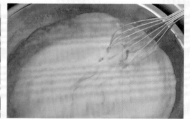

4. 將做法 3 過篩（過檸檬皮，只取它的香味），隔水加熱至 80℃，中間過程請持續攪拌至蛋液慢慢凝固後關火。

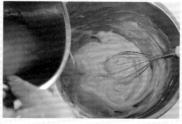

5. 在鍋底墊上一鍋冰塊水降溫至 45 ～ 50℃後取出。

6. 將融化的奶油分 3 次慢慢倒入做法 5，持續攪拌均勻，避免油水分離。

羅爸烘焙小教室

· 若直接在高溫加入已融化的奶油，會油水分離，切記要等到檸檬汁冷卻後再慢慢加入。

7. 內餡冷卻後，蓋上保鮮膜，放置冰箱冷藏一晚。

POINT ！
檸檬餡要摸起來硬硬的，擠起來會比較好擠。

8. 將檸檬餡裝入有擠花嘴的擠花袋中，填入塔皮，從中間擠上去再繞一圈。　9. 最後撒上檸檬皮屑。

POINT ！
花嘴使用的是 SN7082，擠起來會比較漂亮。

POINT ！
使用一般的刨刀就可以刨下檸檬皮屑。

綜合水果塔

七公分直角塔模

上下火 180℃

30 分鐘

冷藏 5 天
冷凍 15 天

〔塔皮〕
無鹽奶油········150g
糖粉 ·············60g
雞蛋 ·············1個
鹽 ················· 1g
低筋麵粉········300g
杏仁粉·············20g

〔內餡〕
卡士達醬·········適量
水果 ·············適量
糖粉 ·············適量

事先準備

· 無鹽奶油於室溫中回軟至表面用手指輕觸會出現指印的程度。

· 烤箱預熱上下火 180℃ 。

1. 塔皮依照 P189 製作完成。

2. 將卡士達醬裝入擠花袋中,以繞圓方式塔入塔皮。

3. 擺上水果,再灑上糖粉。

Fruit tart

法式脆皮菠蘿泡芙

第一階段
上火 210℃
下火 180℃
第二階段
上下火 150℃

第一階段
18 分鐘
第二階段
20 分鐘

冷凍 1 個月

材料（12 個）..

〔泡芙皮〕

無鹽奶油	50g	開水	60g
細砂糖	5g	鹽	1g
雞蛋	110g	中筋麵粉	65g
牛奶	40g		

〔菠蘿酥皮〕

無鹽奶油 ··········45g
細砂糖 ·············55g
中筋麵粉 ··········38g
杏仁粉 ·············25g
※ 可用低筋麵粉取代，增
　加香氣。

〔內餡〕

動物鮮奶油 ······ 150g
卡士達醬 ········ 150g
細砂糖 ············· 15g

事先準備 ....

· 烤箱預熱上火 210℃、下火 180℃。

1. 製作菠蘿酥皮：將奶油、糖、杏仁粉和過篩的中筋麵粉倒入鋼盆中，混合拌勻壓成團。

2. 放入塑膠袋內壓平，並擀成薄片。

3. 放進冰箱冷藏約 20 分鐘。

4. 製作內餡：將動鮮和糖使用手持攪拌器打發至有硬度，加入卡士達醬拌勻。

5. 倒入裝有擠花嘴的擠花袋中。

6. 製作泡芙皮：將牛奶、水、糖、鹽和奶油倒入鍋中，開小火至煮沸。

7. 將中筋麵粉過篩後倒入，拌炒至麵糊與鍋底分離的程度，即可離火降溫。

POINT！
過程中，一定要邊煮邊攪拌，以免油爆。

8. 將雞蛋打散，分 4 ～ 5 次慢慢加入煮好的麵糊中，攪拌至提起麵糊時能以光滑的三角形滑下的狀態。

9. 將拌好的麵糊裝入擠花袋中，擠約 50 元硬幣大的圓球在烤盤上。

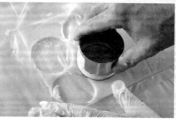

10. 手沾點水，將上頭尖尖的麵糊抹平。

11. 取出冷藏好的酥皮，用圓框模具取下圓形酥皮，再將菠蘿酥皮壓扁放在麵糊上。

POINT！
若有點軟，手可以沾手粉。

12. 放進預熱好的烤箱，烤至 18 分鐘時將烤溫調為上下火 150°C，續烤 20 分鐘，出爐放置冷卻。將奶油餡用力灌進波蘿皮底部，放進冰箱冷凍。

萬用卡士達醬

做法 ....

1. 牛奶加入蘭姆酒，開小火慢慢煮。

2. 鋼盆內放入過篩的低筋麵粉、玉米粉和細砂糖攪勻。

3. 加入蛋液攪拌至完全被麵粉吸收。

4. 將牛奶煮至 70℃且開始鍋邊冒泡即可離火。

5. 取 1/3 的熱牛奶沖入蛋糊內，攪拌均勻。

6. 再將剩下的牛奶全部倒入，以隔水加熱法邊煮邊攪至濃稠。

7. 將水盤拿開，快速將卡士達醬煮至冒泡，離火。倒入奶油攪拌至融解。

8. 蓋上保鮮膜，並由中間壓下，鍋邊可以稍微透出空氣，隔水放置冷卻。

材料

牛奶	500g
雞蛋	2個
細砂糖	80g
蘭姆酒	2g
玉米粉	24g
低筋麵粉	24g
無鹽奶油	40g

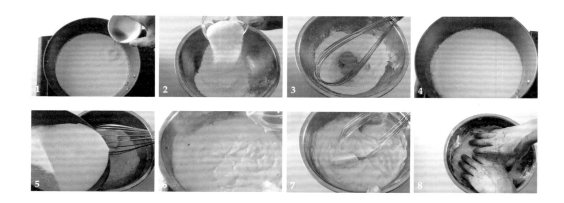

萬用塔皮

材料
(大塔皮12個，小塔皮36個)

無鹽奶油………… 150g
糖粉 ……………… 60g
雞蛋 ……………… 1 個
鹽 ………………… 1g
低筋麵粉 ………… 300g
杏仁粉 …………… 20g

 塔模　　　 上下火 180℃　　　 30 分鐘

事先準備

· 無鹽奶油於室溫中回軟至表面用手指輕觸會出現指印的程度。
· 烤箱預熱上下火 180℃。

做法

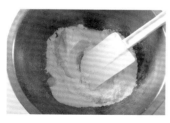 

1. 將奶油和糖粉倒入鋼盆中，攪拌均勻至泛白有光澤。

2. 倒入鹽、杏仁粉、蛋液和低筋麵粉，從底部翻拌至成團。

3. 分割麵團，每顆為 45g，沾點手粉，壓平麵團，
   放入塔模內。

POINT！
可以進冰箱冷藏，鬆弛一下
更軟 Q 好用。

4. 拿開塔模棒包上保鮮膜，用力將麵團壓下去。

※ 多出來的地方用刀子刮掉。

5. 使用叉子在底部戳洞，否
   則四邊比較容易收縮。

6. 將塔皮上墊個紙模或烘焙
   紙，放進黃豆，一起放進
   烤箱以 180℃烘烤 15 分
   鐘，取出黃豆。

POINT！
放入黃豆的目地是
防止塔皮膨脹。

7. 再烤 15 分鐘，取出塔皮，
   放置散熱架至完全冷卻。

POINT！
可以使用小刀將塔皮
的外緣削齊。

羅爸烘焙小教室

塔皮成功小撇步

白巧克力可以防止塔皮軟化，隔阻水分，也可以用果膠做為塔皮的保護膜。

做法：

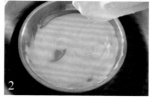

1. 將 500g 白巧克力隔水加熱至融解，可加點油加速融化。
2. 融化後立刻熄火，利用餘溫保溫。
3. 用刷子將白巧克力抹在塔皮上，放進冰箱冷卻一下。